熔炼
追求卓
突破自我 绽放激情
2011年苏州快而捷物流有限公司拓展培训

熔炼团队 追求卓越 突破自我 绽放激情
2011年苏州快而捷物流有限公司拓展培训

KUAIERJIE
快而捷物流

My Dream Is To Go Forward

我的梦想是往前走

每个人都有梦想，只要你向前走，不要停，就能实现梦想

◎查焰松 著

中国商业出版社

序

PREFACE

只要坚持，平凡的双脚也能走出不平凡的人生

完成书稿的那天尚处初夏，阳光透过玻璃窗照在办公桌上，我看着眼前一行行文字，仿佛又将以前的路重走了一次。

我不知道有多少人能看完这些平淡的文字，也不知道它会触动多少心弦。我只知道，它是我人生旅途的一部分，真实而深刻地告诉每个人——平凡的脚步也能走出非凡的人生。

当我还很小的时候，我以为，我必将会平平凡凡地走完这人生的旅程。但家庭的贫困，世俗的眼光，激发了我对成功的渴望。我开始不停地去追寻改变命运的道路。

1996年，为了改变命运，我成为了一名义务兵；

1999年，为了改变命运，我通过了军校考试，而后又放弃，退伍回家；

2000年，为了改变命运，我一路南下，寻找自己的梦想；

2002年，为了改变命运，机缘巧合，我进入物流行业；

2004年，为了改变命运，我开创了属于自己的品牌——快而捷。

2014年，快而捷创立十周年，我带着太多的感慨，回想我之前走过的路，才发现：人生从来没有偶然，意外也不过是化过妆的成果，每一次进步必然都包含着太多的汗水和付出。

人生没有等出来的精彩，只有走出来的非凡。我们总要一路向前，不断地挑战自我，战胜自我，超越自我。水滴石穿，不是水的力量，而是水的坚持。成功的路上，从来不比谁更努力，而比谁更坚持。

有一个平凡的开始并不可怕，怕的是没有雄心壮志和正确的目标，怕的是没有足够的信念去支撑。如果这一切都具备，还怕什么？往前走，平凡的脚步必然能走出非凡的人生。

目录
CONTENTS

Chapter 1
第一章 觉醒的勇者

第一节：牛背上的快乐时光 ...03
第二节：死里逃生的“大胆王” ...07
第三节：感谢我是穷二代 ...10
第四节：不被待见的我 ...13
第五节：向前走，不回头 ...17

Chapter 2
第二章 有一堂人生课叫“军旅生涯”

第一节：我要去当兵 ...25
第二节：永世难忘的军旅生活 ...30
第三节：那场刻骨铭心的大火 ...33
第四节：我到底需要什么样的人生 ...36

Chapter 3
第三章 追梦的黄金时代

第一节：一个月跳槽六次，为哪般 ...43
第二节：只有承担，才有收获 ...47
第三节：做良知命令的事 ...52
第四节：两块钱，让我走上创业之路 ...57

Chapter 4
第四章 “快而捷”史纲

第一节：快而捷，诞生了 ...63
第二节：迅速强大的秘诀 ...67
第三节：坚持了 108 次 ...72
第四节：坚持下来，就是成功 ...75

Chapter 5
第五章 中流砥柱——快而捷的精英们

第一节：欧阳凯——不抛弃不放弃 ...85
第二节：马云——傲视风霜，绽放沁人心脾的香 ...92
第三节：梁继刚——从平凡到卓越 ...101
第四节：吴玲玲——兢兢业业，打造和谐温馨快而捷 ...111
第五节：高希玉——不甘平凡，用拼搏挑战人生 ...116

第六节：路文成——脚踏实地，用实力去独当一面 ...120
第七节：唐开明——在快而捷的发展中上演了一场蜕变 ...125
第八节：查艳——不鸣则已，一鸣必要惊人 ...130
第九节：十年荣光，再续辉煌 ...132

尾章：我的亲人

第一节：我的父亲母亲 ...139
第二节：爱可以让生命延续 ...144

Chapter 1

觉醒的勇者

阿噶巴仁波切在《爱是勇者的游戏》里说："在生命的战场里，没有任何可以退缩的地方，也没有任何可以躲藏的地方，唯一的选择就是往前走。在这个战场里，这个旅途上，我们唯一能做的是使自己成为一个觉醒的勇者。"

第一节：牛背上的快乐时光

很多时候，我们都脚步匆忙地去追逐自己的生活，无论是看起来疲惫不堪也好，还是斗志昂扬也罢。说到底，我们不过是想要给自己的人生标上它应有的价值。

当我还是一个山村里的小男孩时，我从未想过要为自己的人生画出怎样的一幅蓝图。可是，时光的流逝，岁月的洗礼，我的心里终于刻下了属于我的梦想——往前走。

我很少回想过去，因为，我要一直不停地往前走。可是，要真的说起来，谁的人生不是一段段过去拼凑而成的？谁的所得不是过去一点点积累的？于我而言，也是如此。那些已经逝去的日子，像一张泛黄的老照片，见证着我一步步往前走的梦想。

在安徽省太湖县，有一个叫徐桥镇的地方，那儿位于太湖、望江、宿松三县交界处，山高岭峻，涧深溪多，我便是在那秀丽的地方长大的。也就是在这个地方，我学会了独立、坚强和忍耐，萌生出改变命运的想法。

我的母亲是个童养媳，从小便开始操持家务，甚至家庭的重担也基本由她一肩承担，直到如今，她依旧是家里的“一把手”。母亲是个很慈祥的人，作为家里的大管家，她总是能把家打理得井井有条，还给了父亲和我们这些孩子足够的爱和尊严。

母亲没读过书，可是她总是可以说出很多富有哲理的话，例如“船上人不用劲，岸上人撑断腰也没用”，以及“话语讲得好，白水也可点灯”之类的。

徐桥镇位于三县交界处，在整个太湖县，还算个比较发达的地方。但是，这里周边都是丘陵，狭长的小道上尽是些石子和泥土，交通一直是影响经济发展的制约条件。再加上穷乡僻壤，信息闭塞，那时候徐桥镇上的人们除了务农，便只有靠打渔为生。母亲就是在这样的环境下将我们兄弟三人拉扯长大的。

我们家的祖辈生活在解放前，那时候，家里的经济条件还算富裕。父辈时，家里人比较多，干的活自然也多。所以，那时当别的家庭因为贫穷无米下锅时，我家还可以拿粮票去换一些红糖回来兑米汤喝。

我出生于1975年的腊月初二，那时候正值“文化大革命”接近尾声，挣工分还是经济生活的主要来源。随着“文化大革命”的结束，计划经济在整个中华大地开展了起来，渐渐地，贫穷便成为了我生活中的一种常态。

在我很小的时候，徐桥镇有着“小上海”之称，人们时常起早去那里赶集，吆喝声、叫卖声充斥在不短不长的街道上，久久不散。而如今，那里已十分凋零，再也找不到往日的繁华。远去的热闹早已模糊不清，时光如流水般行走，小时候留在记忆中的人和事也变得越来越少。我至今能清楚记得的也不过那么几件。比如说放牛和打鱼。

打我记事起，我家好像一直都被贫穷和无奈围绕着。“穷人的孩子早当家”，贫穷的生活让我早早地担起了家庭生活的重担。放牛、打鱼、种庄稼，成为了我童年生活中除学习之外最重要的事。

其实，那个时候在农村，贫穷是一种常态。所以，几乎所有的农村孩子都和牛打过交道，我自然也不例外。9 岁的时候，家里买了头水牛，一直养了七八年，我对它充满了感情，它是我孩提时最好的伙伴。

牛在西方文化中是财富与力量的象征，源于古埃及，依照《圣经·出埃及记》的记载，以色列人由于从埃及出奔不久，尚未摆脱在埃及耳濡目染的习俗，就利用黄金打造了金牛犊，当作耶和华的形象来膜拜。

而在中国，牛是一种勤劳的象征。古代就利用牛拉动耕犁以整地，后来人们知道牛的力气巨大，便演变成各种不同的利用手法，在农耕、交通甚至军事上都广泛运用。战国时代的齐国还使用火牛阵打败燕国；三国时代蜀伐魏的栈道运输也曾用到牛；在宋朝甚至规定私自宰杀牛犯法。从古至今，牛对于人类的发展起到了至关重要的作用。

事实上，在所有的动物中，我最喜欢的便是牛，一直觉得它很有灵性，能够读懂人类的言语和表情。我小时候特别调皮，放牛的时候，喜欢爬上牛背，有时候就会不小心从牛背上摔下来。

每当这个时候，我们家的那头小水牛便站在我身边一动不动，直到我从地上爬起来。每次路过一片庄稼地的时候，它想吃，我都会用言语制止它，它好像能够听懂一般，真的就不吃，只是乖乖地跟在我后面往前走。

我们村一个小组有四五十户人家，和我同龄的孩子大概有十多个。每当清晨的阳光洒进寂静的村庄，同龄的孩子们就牵着自家的牛，徐徐走向山上。那时候，放牛的人太多，草却很少，为了喂饱牛儿，必须要讲究放牛的技巧，如果没掌握技巧，想把牛喂饱可能需要好几个小时。

那时候的我，总是能用最短的时间将牛喂得饱饱的。我们村子前面有一条小河，中间有一个小岛，那里长满了茂盛的青草。为了喂饱我的水牛儿，有一天，我决定涉水过去，可是我个头比较小，如何过去便成了一件头痛的事。我思考再三，觉得只有骑在牛背上才能过去。

牛儿好像理解我的意思，低下身子让我骑上去。以后我便经常骑着它，带它涉河去享受小岛上的美餐，而我则享受着牛背上的快乐时光。直到现在，我再回想起那时候，还是会被一种叫快乐的情绪感染着。

第二节：死里逃生的“大胆王”

俗话说：“靠山吃山，靠水吃水。”像我们这种依山傍水的小山村，除了种庄稼之外，还可以通过打鱼来填补生计。我们村子里的那条河便是村民们的经济来源之一。

打鱼其实是一件很累，有时候还很危险的活儿。我父亲从小就不会打鱼，而家里的兄弟当中，就数我最大，所谓长兄为父，我必须扛起这个担子。所以，我很小的时候便开始在那条河里摸爬滚打。只要不上学，我每天一大早就起来打鱼，多的时候可以打到一百多斤。那时候，我负责打鱼，父亲负责把鱼挑回家。

农忙的时候，通常也是打鱼的好时光。那时候，我们一边要忙农活，一边还要去打鱼。每天我们都要在忙农活前将渔网撒到河里，几个小时后，干完农活，再去河边收渔网。那时候的每一天，那条河上几乎都有村里人忙碌的身影。所以，对村里人来说，那条小河便是母亲河，它养育了整个村的人。

我那时候在村子里有个响亮的绰号——“大胆王”。关于这个称呼的由来，自然也和打鱼有关。小时候，村里的那条河是整个村里人共同所有的，我们可以毫无顾忌地在里面打鱼。只要你有力气，肯努力，就可以随心所欲地在里面打捞。

后来，农村实行了承包制，那条河便被别人承包了，要想打鱼，就得偷偷地趁天黑无人的时候将渔网撒进河里，天亮之前再将渔网收回来。村里很多人都偷偷地在这条河里打鱼，但是基本都将渔网放在偏远的地方，这样不容易被人发现，可是，那里的鱼比较少。

我当时就在想："最危险的地方才是最安全的地方。"所以，每天晚上，我都会将网放在承包者门口，因为那里鱼比较多。为了不被发现，每天早晨我四五点就要出门，无论寒冬酷暑，从未间断。而在这期间，我也曾有一次因为打鱼，差点儿葬身河里。

我十五岁那年的寒冬，天格外冷，漫天的大雾遮住了行走的道路，路面上结着一层冰。凌晨 4 点左右，我穿戴完毕，轻悄悄地走出了家门。想着即将到手的收获，我不由得加快了脚步。深冬的寒风犹如刺骨的剑锋一般透过层层外衣钻入骨子里。

那条河并不太深，冬天只要穿上皮裤，便可下去收渔网。那天的鱼特别多，我带着激动的心情开始由深到浅地收着渔网，收到一半的时候，身上的皮裤被网里的昂刺鱼刺破了，冰冷的水一点点地渗入皮裤。忍着刺骨的寒冷，我继续收着网。由于大雾的原因，我完全辨不清方向，可依旧努力地拉着渔网，心想一定要将鱼和网全部拿回去。

渐渐地，我感觉有些不对劲，我记得一开始收网的时候是从最深的地方开始的，按照常理来说，我应该越走越浅，而现在的水却明显越来越深。后来我回头想想，可能是鱼太多，将渔网的方向拉反了。就在我万分无奈一筹莫展的时候，远处的河坝上传来了一阵鸣笛声，也正是这一声鸣笛，让我辨清了方向。

此时此刻，我的皮裤已经完全被水浸湿，腿和脚已经冻得完全没有知觉。就这样，我在水里挣扎了三个多小时，被路过的一位同村人救了起来。直至今日，我依旧清晰地记得当天的情景。那天走回家，我的脚上全是泡，全身已经冻僵，膝盖一打弯便很痛。然而，在这样的情况下，我还是将一百多斤鱼拖回了家。

那可以算是一次生死考验，我至今想想都觉得不可思议。但我相信，大难不死必有后福。

第三节：感谢我是穷二代

20世纪八九十年代的时候，国家正由计划经济向市场经济转变，农村开始实行家庭联产承包责任制，这无疑带动了农村经济的发展，一部分人开始走上了发家致富的道路。可是，它却并未改变所有农民的贫穷生活，大多数农民依旧奔跑在解决温饱的路上，并为遥不可知、看起来毫无期望的未来担忧着。

其实对于生活在小山村里的人们来说，人活着便挺好，至于生命是否有意义，可以另当别论。只要活着，每天都可以看到云兴霞蔚，银月繁星，跟随太阳东升西落，日出而作日入而息，安安稳稳、平平淡淡地过一生。

我生活在那个安逸的小镇，小镇里的人大多平静地生活着，抱着自己的一亩三分地，无所追求地一天天过着。我的父亲便是这其中最典型的代表，他那种与世无争的心态，甚至比别人有过之而无不及。正因为他的软弱可欺，那时候村子里，无论大小老少都会拿他开玩笑。我家并不富裕，再加上父亲这种性格，家庭环境更是不容乐观。

我很小的时候，就开始为了父亲和村里的孩子打架。我的父亲，无论他怎样，我都容不得别人欺他分毫。为人软弱老实的父亲自然无法为改变家里的经济做出什么，家里的重担便落到了瘦小的母亲身上。我们家兄弟三人，我排行老大，看着日夜操劳的母亲，很是不忍心。于是，我自然而然便担起了家庭的一些担子。

家庭不富裕，我就必须要学会独立自主。独立是最重要的，家里没人管，就要学会自己管自己。面对贫穷的家庭生活环境，我需要学会自己养活自己。

在农村，尤其是徐桥镇，只要能种好庄稼，再弄点儿副业，比如捕鱼捞虾之类的，生活条件就会比较好。可是，我的父亲为人比较老实，干活也没有别人干得好，种庄稼比不上别人，下河打鱼摸虾他也不会。

所以，我们很小的时候，就开始学着自己去捕鱼捞虾，下地种菜。那时候，农村的主要经济来源基本都是靠养猪，养一些家禽，要不就是卖菜、卖鸡蛋、卖棉花……

那时候，我们兄弟三个都在读书，家里的收入也不是很多，整个家都靠母亲一人操持，那时我奶奶还在，正可谓是上有老下有小。我至今还记得那时的生活场景，我们基本上一个月都吃不到一顿肉。哪一餐能吃上包心菜，我们都觉得生活已经很好了。

我上小学那会儿，每天要走五六里路，家里买不起雨伞，每逢下雨的时候，就用斗笠，穿的靴子基本都是破的，道路还泥泞不堪。夏天还好，一到冬天下雨，整个人都会冻得直打哆嗦。但那时候面对如此窘境也无可奈何，穿的衣服都是别人给的，有斗笠和破了洞的靴子已经是谢天谢地了。

那时候，看同伴穿新球鞋很羡慕，我们村子里当时也有几家生活条件比较好的，有几个同学的父母在政府机关、行政事业单位上班，他们家的生活比我们好很多，我们很向往他们的生活。

我记得有一次，有位小伙伴买了一双回力鞋，7 块多，我非常羡慕。很长一段时间我都跟我母亲讲，我想要一双那样的鞋，可是我母亲说家里没有钱，想要就自己去挣。于是我就去卖菜、卖鱼，大约一个星期卖两次，挣了 7 块多钱，立马就去买了一双鞋，当时高兴得不得了。

我至今都在想，如果当初我不生活在那种环境下，比如，我是个富二代，也许现在我也不是现在的我，我肯定也没有现在的这种观念，我可能也没有现在那么强的斗志。斗志这东西，就像温水煮青蛙一样，在温水里就消耗掉了。只有在极其恶劣的环境下，你才会逼迫着自己去养活自己，去挣更多的钱，立志要活得比别人好。

其实，回头想想，人生中经历一些挫折，过一些苦日子也是一种财富。因为只有在那样的环境下，你才会萌生一种对成功的渴望，才会想到去改变自己的生活现状，你也会因为这样的环境而变得更顽强、更坚韧，更想要过上幸福美好的生活。

第四节：不被待见的我

大概的确应了那句话——人善被人欺，马善被人骑，由于父亲的老实，同村的人甚至小孩都喜欢欺负他，而且他还不生气。我现在才悟出来，父亲的那种性格其实是一种修养，可我那时候特别怨父亲，甚至到现在我都不理解他怎么就那么软弱可欺。

我记得曾经听奶奶讲过，父亲小时候被人欺负，爷爷无奈之下居然下跪求别人。大概是受此影响，我上学之后，变得有些叛逆，只要有人欺负我父亲，我便不顾一切冲锋陷阵为父亲出头。是以，整个小学时代，我都时常“挂着彩”，甚至成为了老师眼中的坏学生。

可我至今不愿承认自己是个坏学生，想想我的小学生涯，我的成绩并不差，我还曾见义勇为救过同校的同学。我们小时候上学都会带一个水杯，以防上课的时候口渴没水喝。

那时候没有自来水，我们从家里带来的水喝完了，便去学校路上的一口井里取水，它并非家里挖的那种深井，而是类似一口水塘的土井。那时候家乡的生态环境很好，井水清澈见底，上完课，同学们基本上都会去喝水。那口井大概有两米多深，是由一块石头一块石头垒起来的，每次打水都要一块石头一块石头走下去。

有一天，我带着水杯去那边取水，就看见水里扑腾着一个小孩子，看他的样子，大概掉水里也没多久，周围没有人，也没有听到喊救命的声音，就看到他在水里扑腾。我小时候比较调皮，从小打鱼学会了游泳，而且体力很好，就直接跳下去将他救了上来。

尽管我认为我是个好孩子，可是，我的老师并不这么觉得。那时候，唯独可以给我挂上坏孩子标签的事便是为父亲打架。可我并不为此感到遗憾，甚至至今提起来还会意犹未尽，津津乐道。回想整个小学时光，唯一让我觉得遗憾的便是——我从未戴过红领巾。

红领巾对于每个小学生来说都是一种神奇的存在，当然我也不例外。然而，我的小学时期却是一段没有红领巾的时光。我那时候一直不明白为何别人都有红领巾，唯独我没有。后来想想，大概是那时候老师对我的偏见。

大概是受中国人由来已久的偏见影响，我的语文老师，也就是我当时的班主任，也难免落入俗套，被世俗和势利层层包裹。他喜欢挖苦别人，也瞧不起人，尤其是穷人。他之前和我父亲是同学，那时候就很瞧不起我父亲，时至今日，连带着我，他也一并瞧不起了。

当时，我有一个同学叫查东来，他父亲开拖拉机，家里比较富裕，老师对他就格外关照。我的家庭环境相对于他，甚至于其他同学来说，比较贫穷，老师对我甚至对我母亲都是一种冷漠态度。我记得每一次当他同时遇到我母亲和别的阿姨时，他总是忽略我的母亲，只和别人打招呼。

也许，这在我的母亲心中并未留下什么印象，然而却对我影响颇深——我大概是从那时候开始对他产生了反感情绪。所以，我讨厌语文，讨厌拼音。而他大概不喜欢我，所以，我得不到他的爱护，得不到期盼已久的红领巾。

每次看到同学们戴着鲜红的红领巾，我都会觉得格外刺眼，那一抹鲜红似乎也在嘲笑着被少先队遗弃的我。而母亲带着不理解的询问更是让我无奈且悲伤。

小时候的我并不知道，那些自然而然出现的因素也会导致我与少先队员失之交臂，我时常跑去问老师为何我没有红领巾，而老师也总是理所当然地给我丢下一句话：“没有就是没有。”没有解释，没有原因，一切都强硬得不容你有任何反抗，于是我渐渐妥协，不再询问我的红领巾去了哪儿，默默地度过了我那没有红领巾的小学时光。

尽管，小学留给了我一点儿遗憾，小学的老师也并未给我留下好印象，我以前甚至有些讨厌小学。可是，人的思维随着年龄的增大在不停地改变，人的精神富裕比物质富裕更重要。

在外拼搏了那么久，有时候回想起小学时光，心中竟只有满满的怀念。2010 年我回到老家，我想为学校做点儿什么，可是我之前读的那所学校已经没了，和其他的小学一起，统一兼并为徐桥小学。

可是，我还是希望能为学校做些事，正好学校有个计划——订阅报纸、建球场，以及添置更新一些体育设施，满足了我的愿望。我是一个懂得感恩和回报的人，我的心态也随着时间的推移变得越来越好，现如今，我就想为家人为家乡多做点儿事。

第五节：向前走，不回头

12 岁那年，我结束了我的小学时光，成为一名中学生，我开始了不必为没有红领巾而无奈尴尬，只需骑着单车晃悠悠地在那 3 里路上来来回回地度过每一天的时光。

贫穷并未因为我的成长而远离我们，反而还越加显得强盛。每一学年开学我都无法按时交上学费，总要等到两个月后，家里棉花卖了钱才可以凑齐。

贫穷并没有浇灭一颗年轻的心，我也和一般的少年一样，热爱阳光，热爱篮球。然而，在运动场，消耗的不仅仅是充沛的精力，还有那一双双对我来说稍显昂贵的鞋子。于是，每次打篮球，我都赤脚上阵。现在回想，觉得那也算篮球场上一道“亮丽”的风景线。

我相信，每一个少年都有一个英雄梦，而在那个年代，能让少年沉浸于梦的海洋的便是那一本本精彩的武侠小说。上初中后，我毫无悬念地迷上了看小说，感觉那里才是一个精美绝伦豪气风云的世界。

可是，美好的世界总是容易被外物所打扰，每每看到惊心动魄时，都会有一双手伸到我的眼前，毫不留情地拿走我的精神食粮，然后再摧残我的双手——罚抄课文。看多厚的小说，就要抄多厚的课文。没有纸，老师就拿自己办公的稿纸给我抄。

抄了太多的课文之后，老师发现了我的一个优点——字写得不错。于是他便让我去帮他刻印试卷，每次考试之前，我都可以提前知道考试题目，考试的时候，我就比其他同学多了一些优势。中学的老师都喜欢打学生，我的老师喜欢拉学生脸，经常把同学们的脸拉得很长很长，可是，他不拉我的脸，因为我要给他刻试卷。

初二那年，母亲苦口婆心地劝我留级，想到家里人给自己交学费不容易，我同意了，并慢慢地开始努力学习。虽然我当时的成绩总是名列前十，可是有点儿偏科，再加上我们学校属于镇二中，升学率并不高，所以，总体来讲我的成绩并不算好。

虽然通过了预选，还是与高中失之交臂，于是，我选择了上职高。职高的分数线比师范和普通高中低，而且，那时候教育正好改革，提倡“一颗红心，两手准备”，即普高一条线，中专、师范分别一条线。

我一直奉行一句话——宁当鸡头，不做凤尾。所以，中考之后，我走进了职高的大门。其实，那时候，在那个小地方，人基本上没什么理想和目标，我自然也是，没有想过要为自己的未来铺就一条怎样的道路。

高中并未给我留下什么印象，除了篮球，便是为弱小的同学出头打架。那个年纪的青少年似乎都容易冲动闹事，我时常看见很多同学打击敲诈弱小的同学，可能受武侠小说影响，也有可能我骨子里就有着正义，因此有时候，我看不过去，就替那些弱小无攻击力的同学出头。

我所就读的职高叫江亭职高，现与黄镇职高和寺前职高三校合并为太湖县职教中心了。无论学校怎样，当时在我们那里，还是小有名气的。还有太中——太湖中学，我记得当时人们都说——江亭是培养情商的地方，太中是培养智商的地方。太中出来多当官，江亭出来多从商。虽然江亭职高里的学生成绩不怎么样，但是出来做生意的人很多，甚至比太中出来的人名气还大。

以前在我们那里，人们都称职高是婚姻介绍所，那里聚集着很多小混混。高一那会儿，我的脑海中完全没有考大学的想法。应该说是“一个人影响一个人，一群人影响一群人”吧，高一时还学了一点儿知识，高二就基本放弃学习了。当时，我们的英语老师上课时就说：“上我的课你想干什么都行，只要遵守三点——上课别揍我，声音别比我大，睡觉别打呼噜。”

我那时候除了打篮球，也没什么别的爱好，不过，学会了喝酒。我从家里带了酒精炉，又带些油盐去学校，在外面偷菜，每天自己炒点儿菜，喝点儿小酒。

那时候，太中学生的成绩比江亭好很多，里面的学习氛围也与江亭有天壤之别。太中每年考大学的升学率很高，他们学校的学生都是山里的孩子，都把高考当作人生的一个跳板，所以没日没夜拼命地学习，而江亭的学生却是没日没夜地玩。有时候并不是不愿意学，只是那个环境下，人很容易随波逐流，所以说一群人会影响一群人。

“一个成功的人带领你，你就是下一个成功的人。”可是，人生的路总是一个人往下走，没有成功的人，甚至没有任何人会带领你前进。我们那时候都稀里糊涂地活着，没什么追求，没什么梦想，简直可以用“醉生梦死”四个字来形容。

我觉得中学的时候让我最遗憾的是我二弟，因为家庭经济原因，他读到初二便辍学了，他辍学后便跟我大舅学修车，用赚的钱给我们交学费。而我大舅那个人比较抠，每年只给我二弟300元。

后来，二弟无法接受大舅给出的待遇，便自己开了一家维修点，修电瓶车、自行车。那时候家里的生活压力非常大，对作为老大的我来讲很是悲伤无奈，可是我还是坚持读完了高中。我和二弟的性格不一样，我想朝着自己的方向去闯一闯，而他可能更多地考虑家庭。

要说中学那会儿我最大的收获是什么，应该就是同学之间的友谊了。至今为止，我还有很多好朋友一直保持着联系。甚至可以说，我有今天这样的成绩、这样的事业、这样的生活，我的同学都功不可没，因为是他将我引入了物流行业。可以说，同学之情也是我人生中的一笔很大的财富。

1994年，我职高毕业。那时候国家已不再实行包分配制度，我只好自己去找工作，考虑到家里的经济情况，我去了航运公司当学徒。从1994年到1996年，我在那里待了一年半的时间。那是我走出校园的第一份工作，也是我想改变命运的起源地。

我开始明白，我的人生是需要向前走的，要像一个拿着战戟的勇者，为自己的未来开疆辟地。正如阿噶巴仁波切在《爱是勇者的游戏》里说的：“在生命的战场里，没有任何可以退缩的地方，也没有任何可以躲藏的地方，唯一的选择就是往前走。在这个战场里，这个旅途上，我们唯一能做的是使自己成为一个觉醒的勇者。”

Chapter 2

有一堂人生课叫“军旅生涯”

三年义务兵，三年的经历，三年的成长，我再也不是那个没有追求、没有梦想的青年，我要出去追寻自己的生活。离开了朝夕相处的部队，我有点儿不舍，就是在这里，我提高了自己的积极主动性、领导能力以及指挥能力。开始能够吃苦耐劳，愿意听从命令，服从指挥，有了团队精神和甘于奉献的精神，做事也变得雷厉风行起来。

第一节：我要去当兵

1994 年，我走出了校园，踏入航运公司，抱着养家糊口的心态开始了我的第一份工作。我们一行人坐着车开开心心、风风光光地离开了太湖，为了得到那份工作，我们每个人交了 2000 元的押金。眼前的一切，犹如一个神秘的城堡，对于一个刚从校园里走出来的青年来说，满是新鲜和期盼。我铆足了精神想要一步步去涉足这个未知的世界。

我们的第一站便是太仓。当时我的感觉就是——外面的世界真大，比我们那个太湖小县城大太多了。我们从太湖坐车到太仓，坐了十几个小时，都没有睡觉，一直看着窗外，心中的那种喜悦感简直无法用言语来形容。

那时候还没有网络，在太湖县这个小地方是很难接触到外面的世界的，唯一可以了解外面世界的途径就是看《新闻联播》，可是那时候对电视剧的渴望度远远要大过《新闻联播》。因为，在那么小的地方，你的梦想也就那么大。就像我们当初念职高，只是想着三年后毕业可以分配工作养家糊口，可以挣钱娶老婆生孩子。

1994 年我在航运中心过得很开心，一切充满了新鲜感。我们从江阴到太仓，到武汉……舶轮上没有电，只能点煤油灯。一开始去的时候，我们还只是学徒，就被安排去做饭。

那时候舶轮上做饭用的是手搭的煤球炉子，我们去长江边上的人家弄一些煤，有时候会在长江里捡一些木材，做一餐饭得花两三个小时。可是，我们那时候没有抱怨，没有失望，觉得能够挣钱就很好了。

我们的主要工作便是在长江里运黄沙和钢材，舶轮在长江里来来回回，难免会遇到一些危险，这对我们来说早已是司空见惯的事。可有一次却让我印象深刻。那是 1995 年在扬中，这里我们来过很多次。

7 月到 10 月是长江潮水的涨潮期，舶轮航行可能会遇到大风大浪。那时候，新来了一个三把（舶轮上职位最高的是船长，其次是副船长，再是二把，然后就是三把），他是掌舵的，上班没多长时间便撞桥了，我记得那座桥叫扬中大桥。桥毫无破损，但是我们的船下面却被撞出了个大窟窿。

船渐渐倾斜，我们都在拼命地想办法补救，无计可施之际，我们在船上盖了油布，费了九牛二虎之力才将它慢慢地弄到了岸边，不然肯定会翻船。说实话，当时真的很害怕，如果我们掉进了长江，哪怕穿了救生衣，恐怕也难找到尸体。

如果说 1994 年我对工作和公司还充满了新鲜感，那在 1995 年我纯粹是为了生存，为了给家里人减轻一些负担。每天很早起来做饭，做饭之后就值班，值班的技术含量很低的……我开始对这份工作失去兴趣。因此，值班之余，我开始喜欢上了看书，因为真正进入社会我才发现，自己脑子里储备的知识太匮乏了。那时候喜欢看一些课外书，接收一些新的东西，特别是邵守义写的《演讲与口才》这本书，我反反复复看了很多遍，有了很深的触动。

那时候我刚从学校出来没多久，年纪比较小。同事们就总是让我一个人做饭，时间久了，我自然不愿意。有一次，我便说：“为什么是我一个人做饭，我们四个人一人做一天。”我想我找的是一份航运工作，而不是厨师，更不是来做大家的下手或佣人的，我应该受到与大家同等的尊重。

1995 年，我们那个团队效益其实还不错，但公司却开始无故拖欠我们工资。三位船长都借口家里有事离开了。原本属于四个人的工作，后来不得不由我一个人承担。没有工资，没有安慰，那时候我的心里真的满是抱怨，我想：“这船又不是我家的，我大不了不干了。”抱怨归抱怨，但事情照做，这就是我当时的性格。

那时候，我们经常跑苏州。我们的船前面是拖头，后面是非机械的小船，一条拖头拖十条小船。一条船大约 170 吨，一般到了苏州的小河就很难拖动，我们只好用竿子硬撑过去。

那时候我变得比较勇敢，因为你不勇敢，没人替你坚强。在航运公司，我有一个好朋友叫陈正兵。他和我可谓志趣相投，性格相合，是我真心相交的朋友。虽然我们同在一个舶轮上只有三个月，但我们的关系却是最好的。

1996年，我开始厌恶这份工作，那时候任务比较少，挣不到钱。以前一个月会拉4趟，后来慢慢变少。公司不发工资，生活又很苦，很多人都有离开的打算，我自然也不例外。在航运公司的那段时间，我看了很多书，见识到了外面的世界，慢慢开始有点儿想法。虽然我母亲并不同意我离开公司，但是我还是辞职了。

我想要改变我的生活，甚至于我的命运，可是，我深知考学已不可能，思来想去，唯有当兵才是出路。

于是，1996年辞职回家后，我母亲开始帮我到处托关系，而我亦抱着考军校的心态去部队当兵。下决定也需要真正决定，以前也想过去当兵，但是没去，主要是不敢做决定。那时候我们兄弟三个人，要养家糊口。另外，我伯父的儿子想去，一次就只有一个名额，我不想和他争。

当兵前都要进行体检和面试，不知道是我小时候和别人打架还是别的什么原因，记得体检的时候，查出了我的左鼻孔弯曲。由于以前很爱运动，所以我的身体很好，我从未想过在身体这一关会有什么阻碍，更没想到鼻子会出现一点儿小问题。极度渴望被录取的我自然不愿意放弃，母亲也不愿我就这样落选，便张罗着找到了我一位在县里当官的亲戚。

我能去当兵多亏了这个亲戚，因为当时村里不止我一个人报名参军，且我的鼻子又有点儿小问题。在磕磕绊绊的担忧中，我最后总算走过了这一关，至此我也渐渐懂得了人际关系的重要性。

我当时已经没有了退路，辞了工作，下定决心一定要去当兵。所以，去参加政审面试的时候，我说，我一定要去当兵，这是我改变人生的唯一渠道。当时那个政审面试官对我的印象特别好，觉得我将来一定是个好兵。

20 天的等待，是一种漫长的煎熬，内心如同等待着判刑的囚犯一般忐忑不安。终于，我如愿以偿，穿上了崭新的军装。我的父亲看到我穿上军装很是惊讶地问："咦，你要去当兵啊？"

是的，我要去当兵。带着改变命运的梦想，我踏上了军旅生涯，前途漫漫，也许艰苦，但却是希望的开始。

第二节：永世难忘的军旅生活

1996年11月份，我来到河北廊坊成为了58046部队的一名电子对抗兵。

进入部队就必须服从命令，即使上级或班长的命令是错误的，你也不能当面顶撞，先执行，等执行完以后再向上级或班长反映；其次就是要尊重上级、班长和老兵。在新兵连，我第一次明白“简单粗暴”四个字。军队就是要你“服从命令，令行禁止”。

我们那时候在新兵连训练了4个月左右，主要是队列训练、体能训练，大部分时间是用来进行队列训练，主要包括稍息、立正、原地间转法、齐步正步跑步等。

其实，对于新兵来说，叠好军被是非常重要的，这是训练内容之一，也是新兵连的第一道难关。因为白天充实的训练累得够呛，夜晚就分外好眠，但夜间紧急集合短促的哨音常常会打搅到新兵同志的好梦。为了训练应急能力，这也是必不可少的！不过越是“苦难”的新兵连就越能给人留下深刻美好的回忆。

至今，我还深刻地记得当初我们队列比赛、内务检查、叠豆腐块被子、夹扑克牌站军姿的场景。每每想起我总意犹未尽。

在新兵连的内务检查中得到了第一名便可以拿到流动红旗，为了拿到流动红旗，我们甚至会花上 3 个小时的时间叠被子。

最有意思的自然是夹扑克牌站军姿，我记得有一名新兵走路外八字，每次夹扑克牌站军姿的时候都极其痛苦，其模样又十分好笑，现在我想起他当时的模样还会大笑不已。

在新兵连待了 4 个月，我又被分配到基层学了 3 个月的报务，7 个月之后才被分到了老连队。在新兵连的时候，几乎天天要考试。部队每周都有满满的安排。其实算起来，我们那时候当兵并不太苦，因为我们属于技术兵，对体能方面的要求比较低，只需每天跑 5 千米，做做早操。

当时在部队，我们最喜欢的就是拉练，因为只要拉练，我们就会被一大车一大车载出去。在封闭的空间里待久了，一旦来到外面的世界，我们便感觉一切都无比新鲜且亲切。

当然，和很多士兵一样，我们也很喜欢打靶，因为，当兵之前都没见过枪，而且我们打靶的机会不多，基本上是一年一次。我们不像武警，可以经常拿枪，我们只在站岗的时候才会接触到枪。

那时候在北京长城后面有个村庄，总有老百姓进进出出。那地方很穷，直到现在依旧没有脱离贫穷的生活。我们那时候经常说一句话——穷山恶水出刁民。因为那里的老百姓有时候会抢枪。

一般情况下部队有四级战备，四级是战争开始阶段，那时候我们已从四级转为了三级。我们新兵连教导队当时在河北廊坊，那里的风沙很厉害，有时候甚至都看不到人，早上训练回来，身上都裹满了黄沙。

四个月的新兵训练让我找到了自信心，提高了主动性并形成了雷厉风行的作风，这些好的习惯对我以后的工作和创业都有很大的影响。

在部队里过年，其实过得挺好的，包饺子，吃年夜饭。那时候部队管得不是很严，一般春节那天会多两个菜，平时是四菜两汤，过年的时候都是一整桌的菜，酒随便喝，但是喝了不能闹事，而且只能喝啤酒不能喝白酒。

可是离开家乡，离开父母，品着艰辛和孤独，每每听到伤感的军歌，不少士兵总会不由自主地流下眼泪。记得有一年的除夕，我们还要站军姿，当时很多战友都很想家，当听到《说句心里话》这首歌时，大家终于抑制不住心中的思念，都痛哭了起来。

第三节：那场刻骨铭心的大火

三年的部队生活给我留下了很多深刻的回忆，而其中让我印象最深的便是 1999 年的那场大火。

北京每年 10 月份到第二年的 4 月份，大地还是一片枯黄，火灾频频发生。那时候，我们救火都已经救得有些司空见惯了，基本上天天都要救火。

1999 年 4 月 7 日，密云县人武部队来了三部警车，那一次警报拉得很响，在河北承德和密云交界的地方，燃起了熊熊烈火。火是从半山腰开始烧起来的，最后才了解到着火的原因——是一对老太太和老爷爷吵架把山上的草点着了。当时消防车无法进去，只能靠人工灭火。

我们不是消防队，当时也没有先进的灭火设备，我们每两个人带着一个电瓶，每个电瓶最多只能用三四个小时。因为走得急，我们连手套也没有带，拿着拖把、铁锹就那样走进了深山去救火。那一次也算在我的人生中留下了不可磨灭的记忆，因为我差一点儿就死在山中。

因为平时很少上山，所以我们对山上的路线并不熟悉。当地的老百姓把我们带到山前便离开了。

火势凶猛，浓烟翻滚，我们被困在里面，看不清前路。我们拼命地挥动着手中的铁锹和拖把，希望火势小一点儿，可是火越烧越旺，我们不敢停下来，就一个劲儿不停地灭火。我清楚地记得，当时我们穿的都是胶鞋，在那样的熊熊烈火中，鞋底早已被烧穿，脚被烫得很痛。更可怕的是，一不小心身上就会燃烧起来。

远远看去，漫山都是红通通的大火，到处都是灭火声和呼叫声。我们被困在大火中间，手上的铁锹都已经被火烧黑了，拖把也被烧得不成样子。最要命的是，手上的电瓶都没电了，很多人都迷失了方向。可是，我们还得往上走，继续灭火。值得庆幸的是，那时候几个人在一起。

山上被浓烟和大火围绕，分不清方向，看不清道路，我们差点儿就掉进了山谷。因为当时那边有棵大树着火了，我便走过去踩在那里扑火。下面漆黑一片，拍完树枝，我想往前走，完全没有觉察前面就是很深很深的悬崖。还好，我当时鬼使神差地停下前进的步伐，没有一直往前，否则，我那时便葬身山谷了。我们在山里兜兜圈圈转了好久，好几次都这样徘徊在生死的边缘。

大概命不该绝，天快亮时，天空下起了小雨，火渐渐熄灭了。我至今感激上苍，如果那天不下雨，恐怕会有很多人葬身火海，自然，也包括我。

在部队的那几年，我学会了很多。也许正是因为这些无法抹去的经历和磨练，才让我成为一个更好的自己。“宝剑锋从磨砺出，梅花香自苦寒来。”所以，我一直相信，磨练是一种向上的生活态度，经得住磨练的人，才能在漫长的人生中取得成功。

第四节：我到底需要什么样的人生

作为一名士兵，我和很多战友一样，无论多么努力多么刻苦，都是为了荣誉和信仰。我那时候一直对别人说，我在部队刻苦奋斗，说到底，短期是为了荣誉而战，长期便是为了信仰而活。

部队是个藏龙卧虎的地方，很多人一进来，便带着得天独厚的优势和才能，而我只是个平平凡凡的义务兵，没有好的先天条件，只能靠后天的努力。我相信，人在做，天在看。所有你今天付出的努力，终有一天会得到相应的回报。所以，我总是安静地做事，默默地付出，从不多言，从不炫耀。

我想大概就是这个原因吧，1997 年，我成为了那一拨新兵中第一个入党的人。那时候，部队里优秀的人比比皆是，可是很多人都夜郎自大，光说不练。也有些人，喜欢炫耀，做了一些事，便希望全世界都知道。而我一直相信——少说话，多做事，群众的眼睛是雪亮的。

那个年代，党员在很多士兵的眼中，甚至很多人的眼中，都是至高无上的荣誉，那是一种储存于骨子里的信仰。回想一下，入党对我来说，最大的影响是建立了一种信仰。

作为一个党员，要特别能贡献：不只“为人民服务”，还要“全心全意”；要特别能自觉：不是被动应付，而是自动自发；要特别能负责：让主人翁精神处处闪光；要特别能战斗：要做好事，更要解难事；要特别能团结：人心齐，泰山移。作为一个党员，要么不干，要干就要干到最好；要有一流的干劲，还要有一流的方法；要有能力，更要有认真的态度。

党员就要做先锋，做榜样。而于我而言，我一直都在想，无论做什么事情，要么不做，要做就一定要做到最好。

在任何时候任何地方，你对自己有什么样的要求便会有什么样的收获。所以，我一直以最严格的规范来要求自己。我要成为一名优秀的士兵，我要成为一个优秀的人，我就必须付出相应的努力和代价。

1998年，由于专业技术不错，我开始带新兵学习专业，再加上我向来遵纪守法，个人修养各方面都挺不错，以及对部队贡献比较大，我成功当选为那一年的优秀士兵。

所谓优秀士兵，是中国人民解放军基层开展争创先进连队和争当优秀士兵活动评选出的模范士兵。我国《军队建设基层纲要》中明确规定：“优秀士兵的基本条件是：政治思想强，军事技术精，作风纪律严，完成任务好。”所以，能当选优秀士兵并不容易。

获得这样的荣誉称号，我自然也倍感欣喜，当然，为此开心的并不只我一个。据说，这个消息传到家乡时，老母亲开心得流下了泪水。那时我就觉得，所有的辛苦和努力都是值得的，能让最在乎最爱的人开心，这便是一种成就，便是一种幸福。

时间如白驹过隙，转眼，来到部队已经两年多，三年的义务兵，很快就要期满归乡。我自然不愿意就这样回去，我要改变自己的命运，我要走一条属于自己的道路，我要打出一片属于我的天地。我那时候，还不知道前方的路该如何走下去，可是，我知道我要向上走，向前走。于是，我开始筹划着考军校。

考军校并非说说就可以考上的容易事，事实上，这世上也从未有任何一件事是可以那么轻而易举就能做成的。所以，考军校那阵子的我，就如同现在准备高考的学生一般，每天晚上拿着小台灯躲在被窝里看书。庆幸的是，那段岁月有一群人陪我一起战斗——几个老乡一起考军校，让原本就枯燥的考学生活也多了份温馨。

那段日子其实还是很值得怀念的。那时候我们找了一间破房子，里面有电。白天，我们几个人就在那里一起学习；晚上，我们就回到各自的被窝，点着小台灯如饥似渴地吸收着每一个知识点，顺便还要和执勤人员玩玩猫捉老鼠的游戏。

当然，很多时候，我们都会被逮个正着，然后手上的台灯便成了他人的囊中之物，与我们再不相干，我们只好再去花钱买一盏。我们在军队学的是电子对抗专业，每个月会获得部队提供给我们的 100 元补贴，当时称为辐射费，现在改名为营养费。我的小台灯便是用这些钱买来的。

正所谓一分耕耘一分收获，1999 年 8 月份，在上交了七八个小台灯后，我终于成功通过预考。得到通知的那天，战友们一起为我庆祝，那一夜我喝了很多酒，喝醉后，一个人静静地想了很多很多。

我想我这一路走来的点点滴滴；想我接下去要走什么样的路，过什么样的生活；想我的未来在哪里……我一遍一遍地分析着自己的性格，渐渐意识到——我并不适合部队，并不适合做一名军人。再加上部队一般都是“有军衔无职务”的地方，等级制度也格外明显，这些并不是我所追求的生活。

我要改变命运，我要成为我想成为的那个人。于是，我下定决心，放弃上军校，而是“弃武从商”，退伍回家，重新走一条适合自己的道路。

那时候，很多人，尤其在农村，都很崇拜军人的风姿。能成为一名军人，不知是多少人梦寐以求的期望，更别说考上军校了。所以，我放弃上军校，我的母亲十分不理解，甚至还多方劝说反对我退伍回家。可是，我已下定决心，便决定绝不回头。经过多年的拼搏努力，我现在回头想想，觉得当初自己放弃军校，对我自己来说是一个尤为正确的选择。

1999 年 11 月份，我带着很多人的惋惜和母亲的不理解退伍了。前方的路在哪里，我并不知道，可是，我并不害怕，并不迷茫。我相信只要一直努力地往前走，终有一天，在不远的地方，有一片属于我的天地，而此时的我只要加大油门，铆足劲儿，勇往直前就可以了。

三年义务兵，三年的经历，三年的成长，我再也不是那个没有追求，没有梦想的青年，我要出去追寻自己的生活。离开了朝夕相处的部队，我有点儿不舍。

就是在这里我提高了自己的积极主动性，领导能力以及指挥能力。开始能够吃苦耐劳，愿意听从命令，服从指挥，有了团队精神和甘于奉献的精神，做事也变得雷厉风行起来。也是在这里，我未来的蓝图逐渐显现，我的梦想也逐渐丰盈，我离我期盼的那个自己又接近了一步。

Chapter 3

追梦的黄金时代

很多事都是水到渠成的，没有刻意，没有安排，是现实的打磨让我一步步踏上了创业之路。我想，人生，就要闯出属于自己的一条路来！为了事业，为了奋斗的人生，尽管失去许多，但有失必有得！而得到的往往会比失去的更重要，这便是人生的价值与意义。

第一节：一个月跳槽六次，为哪般

方志敏曾说过："我们活着不能与草木同腐，不能醉生梦死，枉度人生，要有所作为。"我自然知道此生有所作为才对得起来人间一遭，可是成功向来不是一件轻而易举的事情，要成为一只小山沟沟里飞出的金凤凰，自然要经过一段时间的烈火焚烧，才能重生。

离开部队，我又成为了一名不折不扣的农民，没有工作，没有一定的经济基础，养家糊口的重担，生活的压力，再加上梦想的召唤，催促着我必须得快点儿走出家乡，走向更广阔的的天地。

退伍后，我在家待了十几天。2000 年元旦，我便决定去外面的世界闯一闯。我思前想后，觉得广州不仅经济实现了持续快速健康的发展，经济运行质量也不断地在提高，有效需求扩大，国有企业改革和脱困目标已经提前实现，城市现代化建设和管理水平更是有了新的提高，各项社会事业蓬勃发展，人们生活水平也不断在提高。

于是，我便想着去广州一带看看，正好那时候有个同学在广东东莞工作。于是，我便和几个朋友一起坐上了去广东东莞的列车。

坐在南下的火车上，看着沿途的风景，心情说不出是喜是忧。前途是光明的，但道路该怎么走？人们都有一个通性——对未知的事物和世界既充满期待又感到恐惧。可是，我从来都不是一个容易被打到的人，我想只要每天朝着目标前进一点点，终有一天我会成为我想成为的自己。

到了广州以后，我对同行的几个朋友承诺，一定先帮他们全部找到工作，然后，我自己再找工作。就是因为这样的一句承诺，我放弃了很多工作机会。但是我觉得做人就应该遵守承诺，自己说过的话一定要兑现，这是一份承担，一份责任。对一个人来说，诚信是一切美德和能力的基础，如果丢失了诚信，也必将会丢失一切。

一个月后，同伴相继找到了工作。安顿好他们，我便很快凭着当初当兵的经历，找到了一份每月 600 元的保安工作。

中国保安行业的传统业务范围主要有门卫、守护、巡逻、营业性文体活动的安全服务、武装押运、道路交通协管、特殊性安全服务、保安器材营销、保安咨询、承接安防工程和建立安防系统、社会性保安服务等。由于之前当过兵，保安的工作对我来说并不是太难，很快我便融入到工作的氛围之中。

当然，我自然不会把保安的工作作为我的终生职业，我还是想着往上走，往前走。我知道古往今来，一切有成就的人，都很严肃地对待自己的生命，当他活着一天，总要尽量多劳动、多工作、多学习，不虚度年华，不浪费时间。每个人的生命都是有限的，所以此生，我要想有所作为，必然不能虚度时光，我要像海绵吸水一样，努力汲取知识。

庆幸的是，保安这份工作空余时间比较多，我正好可以利用空余时间来提高自己。于是，每当闲着的时候，我就会去新华书店买买书，看看书，海伦·凯勒说的没错："一本新书像一艘船，带领我们从狭隘的地方驶向生活的无限广阔的海洋。"除了看书，偶尔我也会去篮球场打打篮球。甚至，我还经常去参加销售部的培训。

至今，我还记得我第一次去参加销售部培训的场景。我们公司销售部每隔一段时间就会进行内部培训，我也想去培训，学一些销售方面的知识。有一天晚上，销售部那边正在培训，我走过去敲了敲门，门一打开，便见一屋子的人都莫名其妙地看着我。

销售部的许经理走过来问我："我们正在培训，你怎么到这来了？"我认真地告诉他："我也想参加培训，你们要销售的这种仪器，我以前在部队使用过，我可以先帮你们测试一下。另外，学了销售知识，以后我还可以做个候补业务员。"

大概是被我的诚心打动了，再加上我之前使用过这个仪器，他便让我进去试一试，发现我的确会用，便答应让我参加培训。

做保安的第二个月，由于我平时的工作表现不错，公司将我提升为保安队队长，工资也从之前的600元每个月变成了700元。我一边兢兢业业地做着保安工作，一边努力地学习销售方面的知识。6个月后，我销售方面的知识达到了一定的积累，我便决定放弃保安的工作，转去做销售。于是，我找到销售部的许经理，对他表达了我的意愿。满以为他会一口答应我，可是他却拒绝了。

有了做销售的想法，我便不愿意再继续做保安的工作。于是，2000年7月份的时候，我辞掉了保安的工作，再一次成为无业游民。

辞职后的一个月，我不停地找工作，希望能找一个适合我发展的工作。于是，我一个月连跳了6次槽。其实，并非我耐不下性子，而是我对未来有着太殷切的期盼，我希望能找到为之奋斗一生的工作。后来，万般无奈之际，我进了一家相机制造厂，成为了一名储备干部。

第二节：只有承担，才有收获

经过一个月的选择与放弃，2000 年 8 月份，我成为一家相机制造厂的储备干部。所谓储备干部就是企业管理阶层的储备人才，通过系统的培训和锻炼，最终成为中层甚至高层管理人员。而我所从事的储备干部一职专门负责生产管理。

在工厂上过班的人一定了解，线上的操作是一份需要耐力和意志力的工作，几乎每天，我们都要站在那里工作 16 个小时以上，说实话很累。而且，储备干部和流水线上工人的薪资模式是不一样的，不是多劳多得。

我刚进公司时，每个月的工资也就 600 元。可是，为了生活，为了理想，很多时候，我不得不坚持下去。既然是自己选择的路，那么无论如何也要走下去，而且要走好。

在部队里的三年打磨，我的积极主动性有了很好的提高，这也在我以后的每一份工作中得到了很好的体现。每个公司都有自己的企业文化和作风。当时，我们公司就规定每天早晨要开早会，另外，全体员工还要一起跑步。

大概是当过兵的缘故，看到公司员工们跑起步来，懒懒散散，毫无规范，我就看不下去，于是便主动提出带着他们跑步。公司的人事觉得我是个积极主动的人，而且队也带得不错，便将我的情况反映给了经理——我们当时都喊他“洪教主”。

当然，作为公司的一名储备干部，早上带同事跑好步是远远不够的，更需要为公司创造更大更多的利益。那时候，公司产能比较差，对相机的质量要求很低，主要追求的是数量。

我记得，一个星期五，公司准备赶制一批相机，要求的数量比较多，“洪教主”便问我：“你下个星期一能不能待线？”

我当时听得不是很清楚，理解成一个星期后能不能待线，我觉得相机制造并不是很复杂，一个星期的时间足够了。便在所有同事面前豪言壮志地大声回道：“没问题。”

“洪教主”有点儿不相信地问：“你这么有信心？”

我说：“我有信心。”

后来，我意识到我理解错了，我以为是一个星期的待线时间，事实上只有两天。可是，说出去的话犹如泼出去的水，无论如何也收不回来。我只好硬着头皮开始着手赶制，当时的感觉就像赶鸭子上架，可是又无可奈何，毕竟是自己承诺的。而且，还是在那么多人面前，那么大声喊出来的。

于是，我们一组 39 个人，必须要在两天内达到 150 万的产量，这是一个很大的生产数量，时间很紧，自然需要每个人密切配合好才能达到预期目标。可是，有些同事就是喜欢为难我。我记得当时有几个河南的同事，他们是公司的老员工，在生产制造方面的技术十分熟练，对我这个初来乍到的毛头小子自然不服气。

于是，他们便故意刁难我，问我相机该怎么做。我自然没他们精通，便说："我从事的工作是储备干部，是负责引导你们如何增加产量，不是来做操作的。我来公司没多久，生产制作技术自然比不了你们，可这并不影响我带着你们把这次任务完美地完成。"

林肯曾说过："每一个人都应该有这样的信心：人所能负的责任，我必能负；人所不能负的责任，我亦能负。如此，你才能磨炼自己，求得更高的知识而进入更高的境界。"

第一天我们的产量不高，但我发现了生产中存在一个小问题——前面拉头上的人如果很慢，后面就会慢下来。以前拉头上只有一个人操作，这样整体工作起来就会很慢。

所以，第二天，我便在前面拉头那里多安排了几个人，而操作起来，他们也照样能跟得上。就这样，我们在彼此的密切配合下，在规定的时间里完成了任务，而我也因为这次顺利地完成任务当上了线长。

鉴于此次的表现，领导对我越来越欣赏，经常将一些比较重要的任务交给我。有一次，公司要制作四连拍的相机，领导便让我试试。说实话，我当时专业水平还不够，但是，我有个优点——组织能力强。于是，我便组织大家一起努力完成了任务。

自然，在这期间，也有很多同事不认同我，甚至与我对着干。但是，只要真心地对别人，一切矛盾和不认同都会解决的。我记得那时候，我们每天上班的时间很长，基本都超过 16 个小时，很多同事上班都会感到很疲倦，甚至有些同事有时候还会迟到，而公司又有明文规定，迟到要罚款。

每次，我都会把迟到的人汇总到一起，给自己开张罚款单，交给“洪教主”，对他说：“洪总，这样满意吧，反正罚他们也是 50 元，罚我也是 50 元，都一样。”

长此以往，员工们都被我的行为感动了，渐渐地，团队的凝聚力就变得越来越强。我一直觉得，要建立威信，不是让别人怕你，而是让他们敬重你。所以，怒斥、惩罚从来都不是建立威信最好的方法，承担才是一个人最好的威信。你愿意去承担，愿意去付出，必然会赢得别人的信赖和服从。

凭着一贯的兢兢业业、辛勤工作，半年后，我从一名线长荣升为科长，过了半年又升为副理。工资也随着级别的提升而相应提高，我记得，当我离开公司那会儿，我每个月的工资可以拿到 6000 元。

我一直相信——辛勤的耕耘是收获之本，良好的付出是成才之道！正所谓：你付出多少努力，就必有多少收获。鲁迅也说过：“伟大的成绩和辛勤劳动是成正比例的，有一分劳动就有一分收获，日积月累，从少到多，奇迹就可以创造出来。”

原本以为，我会一直在这里坚持下去，实现自我价值。然而，2002 年 5 月份，一份电报改变了我的人生轨迹。是母亲从家里发来的电报，说她生病了，另外让我回家相亲，盖房子。尽管如此，我并未立即离岗，我得站好最后一班岗，培养出一个可以接手我工作的人之后才离开。

第三节：做良知命令的事

离开广州回到家，相亲、盖房子，在家待了一段时间后，处理完生活上的事务，我找了一份卷烟厂的工作。可是在那里待了一段时间，我便感觉那份工作不适合自己。一般这样企业里的员工有着优越感和安定性，他们都会比较散漫，积极性也不是很高。

大概是我当过三年兵的缘故，也可能是我性格使然，我很不喜欢这种工作氛围，面对着一成不变的工作内容，安定闲适的工作氛围，我那颗拼搏的心开始按捺不住了。

我觉得，人来到这个世界上，便注定了他必须要拼搏、奋斗、坚持，勇敢地走下去，走出属于自己的道路，没有人能不劳而获。上天赐予了你宝贵的生命，不是让你平平凡凡、庸庸碌碌地过此一生，它要你在此生中坚持、奋斗到最后一秒，燃烧尽生命的最后一丝火焰。于是，我辞掉了手头上的工作，回到家，重新规划我接下去要走的路。

当我在家一筹莫展之时，一位同学给我打来了电话。之前在广州，我曾介绍这位同学去做保安，他做了一段时间后辞职去上海做了物流。

得知我现在待业在家，便让我去他那边做物流。

2002 年 10 月 24 日，我背上行囊独自去了上海，进入同学介绍的物流公司。对物流行业一无所知的我，刚进公司时感觉很陌生，很新奇，但是，我很快便上手了。

做物流最怕的就是遗失物件，特别是那些较为昂贵的产品，当时有很多客户的产品都格外昂贵，例如欧莱雅、贝朗。如果不小心丢失，赔偿起来可不是一笔小数目。每次点货、发货，我的心里都特别紧张，生怕出现什么差池。有时候，我也在想：“这份工作我能干下去吗？”转念一想：“‘既来之，则安之。’除了人为，只要环节不出问题就不会有什么问题。”

汪国真说：“我不去想是否能够成功，既然选择了远方，便只顾风雨兼程。我不去想能否赢得爱情，既然钟情于玫瑰，就勇敢地吐露真诚。我不去想身后会不会袭来寒风冷雨，既然目标是地平线，留给世界的只能是背影。我不去想未来是平坦还是泥泞，只要热爱生命，一切，都在意料之中。”

既然我选择了向前走去拼搏，那么，我就要不畏艰难，努力攻克一个又一个的难关。值得庆幸的是，从我走进公司到我离开，货物从未丢失。正如巨海教育集团成杰老师所说：“相信是万能的开始，相信会给你无穷的力量！”

在上海公司待了两个星期后，我被派去了杭州办事处。在那里，我从点货、发货做起，为了保证货物不丢失，清点数量时，我们必须十分谨慎，一车货甚至要清点好几遍。

所以，有时候，一车货可能要点上两天才结束。做物流的人，经常要跑很长的路，在杭州那会儿，我的鞋子穿不了多久就会被磨破，基本上一个月就要换一双，到了冬天，一下雨，鞋子便会漏水，脚便被冻得发僵。那时候，没想过什么苦不苦、累不累的，只知道要努力工作，好好拼搏，做好手头上的每一件事。

伴着一拨又一拨的寒流而来的，是2003年的新年。转眼我来公司也有两个月的时间了，大概是在部队养成的习惯，年底总结时，我写了一份七页纸的工作总结报告，也是整个公司唯一交了总结报告的员工。

我这个人向来性格就比较刚直，说话也很直接，正因如此，我和杭州办事处的领导相处得并不“和谐”，他甚至三番四次在老板面前诋毁我，说一些于我不利的话。

可是老板对他的话虽不否认，也并不完全相信。老板当时比较相信我同学，觉得我同学人不错，既然我是我同学极力推荐的人，也绝对不会差到哪里去。再想想我写的那7页纸的总结报告，老板更相信我绝非杭州领导说的那样不堪。

2003年元月，我的婚期将至，我便请了半个月的假回家结婚。结婚后回公司没多久，我便被总部调到苏州分公司担任分公司经理。当时苏州的分公司一直处在亏损状态，老板给我下达了硬性指标——6个月的时间内将公司业绩做好，如果做不好就离开公司，做好了就让我承包。

2月份我来到苏州，开始和苏州的同仁一起并肩作战，我们一步一步地去开发客户，风里来雨里去。终于，功夫不负苦心人，3 月份的时候我接了几份大单，赚了七八万，每个月工资也随之涨到了 900 元。通过不断的努力，公司在苏州的市场渐渐有了起色，当年苏州分公司的纯利润便达到五六十万，我的工资也随之涨到了每个月 1400 元。

苏州分公司的业绩在我的带领下屡次超过其他分公司，可是，我却并未得到老板的重视。我在苏州担任经理那整整一年里，老板只来过苏州分公司一次。那次，他开着他新买的车，毫无预兆地降临苏州分公司。一下车其他什么话都没说，便让我约一些客户来和他一起吃顿饭。

我觉得奇怪，便问："您约他们是有什么事吗？"

他说："没事！就约着吃个饭。"

我不理解地说："那请吃饭，总需要个缘由吧。"

他不耐烦地回了句："没有缘由，让你约你就约。"

约了客户，吃过饭，他便开着他的新车走了，没有问公司运营情况，没有问候公司同事。这给我的感觉是，他就是来苏州展示一下他的新车。

2004 年元旦，老板将自己的父亲调派到苏州分公司做财务总监。随后，他的表妹和表哥也相继来到苏州分公司。他表妹来公司后，十分客气地跟我说，让我在业务上好好教教她，她的言下之意，我自然也明白，便将我的一些客户源都交给了她。

我后来想，大概是老板不信任我，想要将我手上权力和资源分散到自己亲戚那里。说实话，这令我很失望。我是个很直的人，做人一直有一个原则——从来不占别人的小便宜。在苏州一年左右的时间里，我一心想着将业绩做好，从未想过在这中间获得什么私利。

我有个亲戚来我们公司上班，我也是经过申请得到老板同意才让他来的。我记得，有一次，他送货花了110元，同一个地点，我之前送的时候只需要90元，而他比我平时多花了20元，我没有给他报110元，只给他报了90元。对我来说，20元并不算什么，可人总不能贪小利而失大节，这是原则性的问题。

第四节：两块钱，让我走上创业之路

当时的公司一共有4家分公司，分别在上海、苏州、杭州、南京。2003年年底，杭州分公司和南京分公司都被召集到上海吃年夜饭，苏州分公司却不在其中。我当时很不理解总部的做法，心里自然很不痛快。

苏州同仁虽然嘴上什么都不说，可是心里都暗暗地藏着不开心。于是，我自掏腰包，请他们去吃年夜饭。那晚我喝得很醉，我跟苏州同仁说："我们和上海那边的年夜饭同时进行，老板不请你们，我请。"

2004年元旦一过，春节便接踵而至。第二年新年伊始，我便被调到上海做物流经理，工资没降也没涨，每个月依旧是1400元，而职位却从分公司经理变成了分公司部门经理。也正是这一次的调派，点燃了我离开了公司的导火索。

很多时候，一个人去创业并非是预先设计好的，而是被逼出来的。当你被生活、被社会逼到无助的境地时，你才会深思自己的人生，才会发现自己应该要走的那条路，这也许就是所谓的"绝处逢生"吧！就如同凤凰那般，总要经过一番痛苦和折磨，才能浴火重生。

说起来，大概很多人都不会相信，我会因为两块钱而辞职，自然，我自己也从未想过有这么一天。但是，很多时候，两块钱所代表的并不仅仅是简简单单的数字。

上海公司的办公室和仓库在两个不同的地方，两边的人自然也不在一起吃饭，吃饭的伙食费也有着两块钱的差别——办公室的员工吃饭是7元，而仓库那边是5元。我一开始来到上海分公司的时候，公司给我规定的餐费是7元，可是不知道什么原因，大约过了两个星期，有一天，老板娘很理所当然地对我说："查焰松，你以后去仓库那边吃饭吧。"

没有好语气，没有一句话的解释，而我也什么都没说，接受了她的安排，可是心里早已是翻江倒海，五味杂陈，久久不能平静。我当时就觉得自尊和人格被这一句话击得粉碎，想想他们似乎也从未尊重过我。回想起进入这公司的点点滴滴，我有了离职的打算。

我特别喜欢郑振铎的一句话——世事我曾抗争，成败不必在我。这也是我一直以来信奉的座右铭。在这个公司，我曾努力过，失望过，忍耐过，我试着去包容，去忽略，可是，最终还是对它绝望了。比尔·盖茨说："这个世界并不在乎你的自尊，只在乎你做出来的成绩，然后再去强调你的感受。"所以，我要去做出属于我自己的成绩。

2004年5月1日，我以爱人身体不好为由请了一个星期假，公司的财务经理很精明，大概猜出了我的想法，打电话给我说："我去看看你和你老婆。"我自然不愿意他过来，便回他说："不用了，你太客气了，这一年多来，也从来没有人关心过我和我老婆。我前几天寄一份快递过去，你有没有收到？”他说：“没有！”

我寄的那份快递是一封辞职信，他第一次打电话给我的时候，还未收到，第二天他收到快递后，又给我打了个电话说：“查焰松，你是不是有什么想法？老板说要给你发提成了。”

我笑了，说：“我两个月的工资都不要了，提成对我已经没有吸引力了。”离开公司之前，我给当初介绍我去公司的同学打了个电话，跟他说了我的想法。他说：“如果你在这里真的不开心，那就离开吧！”就这样，我离开了这家公司，开始自己去创业。

人的一生总要去书写许多不知结局的故事，有的故事可以顺利完成，而有的故事或许将永远都是一种残缺。完美的结局是我们搏击风雨的见证，也是我们永久的期待，然而生活并不像我们想象的那样美好，既然有快乐，必然有悲伤；有开始，必然也会有结局。

如今，我再回头想想，好像很多事都是水到渠成的，没有刻意，没有安排，是现实的打磨让我一步步踏上了创业之路。我想，人生，就要闯出属于自己的一条路来！为了事业，为了奋斗的人生，尽管失去许多，但有失必有得！而得到的往往会比失去的更重要，这便是人生的价值与意义。

Chapter 4

“快而捷”史纲

如果你真的想做一件事情，那么就算障碍重重，你也会想尽一切办法去办到它。但你若不是真心想要去完成一件事情，那么纵使前方道路平坦，你也会找到一切借口停止向前。

第一节：快而捷，诞生了

说起创业，很多人都会有很多辛酸和感慨，而我的这种情绪却并不多，更多的是充满了无限的激情和动力。

带着一丝怨愤的情绪，我离开了那家公司。我原本打算将客户全部带走，可是，我当时还没有注册公司，再加上，我觉得做人要厚道，不能把什么事情都做绝了。于是，我只带走了一个客户——武藏涂料。

因为在之前那家公司工作期间，公司一直和欧莱雅有合作，以至于我对欧莱雅的渠道十分熟悉。当时，欧莱雅的渠道商要给我 5000 元一个月的工资，让我去他们那里上班，可是我不愿意，我不愿再给别人打工，我要奋斗自己的事业。

他说：“你不来我这上班又没有钱。”

我说：“我有两千。”

他就问：“两千能干什么？”

我说：“我想开公司。”

他觉得我的这个想法有点儿幼稚，两千块钱怎么可能开得起来一个

公司？

我知道会很困难，可是，我相信我可以。于是，我说：“我们不谈上班的事，我们谈合作吧。”

当然，辞掉工作，出来创业，我也受到了家庭中各方面的阻力，尤其是我的母亲，她觉得创业太冒险，很不赞同。可是，我既然已经决定了，就绝不会再改变。我那时想，无论这条路多么凄风苦雨，只要方向选对了，我都要挺直腰板走下去。

可是创业并不简单，不是口头上说说便可以的。大多数人的创业都不是一帆风顺的，有着太多的艰辛。一开始创业的时候，我没有注册，只是挂靠在别的公司，没有自己的品牌，没有自己的营业执照。直到2004年11月29日，我才成功地注册了公司，注册资金50万。用1500元每个月的租金，租了一个50平方米的办公室。

我有一个创业合伙人叫欧阳凯，我们这里大家都喊他欧阳。一直以来，他帮了我很大的忙，尤其是创业初期。我记得公司的第一笔订单就是他和我一起发的。2004年5月，我们挂靠在其他公司的时候，只有三名员工——我、我老婆，还有欧阳。2004年的困难很多，我们都一起克服过去了。我们当时做得不是很大，只能慢慢做着，就那样2004年做得也还不错。可以说，我们那个时候就如同一个“全能选手”，什么事都要去做，什么事都必须去做。

当时我和挂靠的公司合作了半年，一直由那家公司的刁总帮我们开发票。我问他，如果超过10万，税点能不能低点。他说，你超不过10万。我在心里想：“等着瞧”。后来，我便从一个月3000元做到了一个月10万元的营业额。

其实，很多时候，创业也要讲究机遇，我那时候的机遇就比较好，正赶上了物流行业快速发展时期，当时的利润很也高，比现在要高好几倍。就像小米董事长雷军说的：“站在台风口，猪也能飞起来。”我想我那时候就是站在了台风口上。

创业一开始都会比较艰辛，可是慢慢地公司便走上了轨道。在我印象里，我创业好像并没有遇到什么大的坎坷，一切都是那么顺其自然地进行着，就算遇到了点儿小挫折也很快就克服了。

那一年，我的事业刚刚起步，而且渐渐地有点儿起色，我的生活也随之得到了一定的改善，让我印象最深的便是两方面的改变，第一个是我从 80 元每个月的房子搬进了 800 元每个月的房子；另外一个就是，我的那辆自行车成功升级为电瓶车。

很多人都说创业是一条艰辛的不归路，而对于我来说，创业是对梦想的一种坚持。只要你的目标足够坚定，而你足够热爱你的事业，一切的艰难困苦都是泡影，会随着岁月和成长一点点散去，心里留存的永远只有那收获后的喜悦。

2004 年 11 月我开始张罗着注册公司，经过一番周旋，我终于拿下了执照，兴奋之情自然不言而喻：终于我也有了属于自己的品牌，终于我不必再为别人打工，终于我可以很自豪的对别人讲：“我是快而捷的。”

取名为“快而捷”，自然是为了展示我们公司物流的快速方便。事实上，当时我本来是想用“快捷”二字作为公司的名称，可是注册的时候发现已经有公司提前注册了。于是，我便在快捷两个字的中间加了一个“而”字，这样“快而捷”便诞生了。

第二节：迅速强大的秘诀

创业那一年，我 30 岁，正是而立之年。北邦说：“对我而言，三十而立指的就是站在地上理想，而不是漂在空中梦想。如果说人生是一块拼图，当三十岁的时候，你的拼图已经拼凑得七七八八了。这时候，你已经会看到你的人生会朝哪个方向发展。你不会像年少时用憧憬去看待自己的未来，不再停留在自欺欺人的年代。”

说实话，我并没有他那么深的感情，我只是觉得那时候的我还对未来充满着一种向往，每一天都有着特别旺盛的精力。

公司刚开始创立的时候，只配有自行车。那时候我们公司还没有买货车，每次出去都是骑自行车。有一次去拜访客户，他问我怎么过来的。

我想：“我是说真话还是假话呢？说真话显得很寒酸，说假话吧，也不过就满足一下虚荣心。”

后来，我还是如实回了他，我说：“我骑自行车过来的。”

他有点儿不相信地问：“你那边离这多远？”

我说：“30 公里吧。”

他说：“我不太相信。”

我指着楼下笑着说：“不信你看，我的自行车还在你公司楼下，我不敢放在正门口，就放在保安边上了。”

我从来不觉得这是一种辛苦，我相信这只是人生的一小段路程，骑单车并不可怕，只要我有足够的勇气和精力，哪怕前路漫漫，我也可以朝着自己的梦想一路疾驰而去。我相信，将来的我，一定会感激此刻拼命的自己。

马云说：“对所有创业者来说，永远告诉自己一句话：从创业的第一天起，你每天要面对的是困难和失败，而不是成功。我最困难的时候还没有到，但有一天一定会到。”

第一年，公司有了近 200 万元的营业额。我那时深深感慨：“原来赚钱这么容易。”很多人追问我是如何做到的，也有很多人开始往我的身上加上一道又一道的光环。

其实，我想说，一切偶然发生的事情都存在必然的原因。就像我创业，我想不仅仅是因为我有吃苦耐劳的精神和坚定的目标，很多时候，公司运作和渠道运作方式以及社会的大环境都起着至关重要的作用。

我创业的先决条件便是低成本运作，再加上那时候的物流行业是一个快速发展的行业，我国发展物流的目标、战略、措施和政策体系还没有完全形成，或者说对于许多基础性问题的认识还很模糊，距离建成“符合市场经济规律，与国际通则接轨的，物畅共流，快捷准时，经济合理，用户满意的社会化、专业化现代物流服务网络体系”还很遥远。

市场上的物流公司可选择性以及可比性都很小，基本处在需求大于供给的状态，价格也处在不透明的状态，所以发展的机遇很大。

虽然我们遇到了好的机遇，但是创业初期也并不容易。2005 年，我们遇到了一些压力。当时团队的人很少，只有五六个，每个人基本都身兼数职。可是，就在五一放假过后，五六个人当中就有四个人一声不响地离开了公司，其中也包括欧阳。那时候客户也不少，但是没人来上班，我感觉压力特别大。

可我没想过放弃，就像贝多芬说的：“卓越的人一大优点是：在不利与艰难的遭遇里百折不饶。”我当时就想，既然自己选择了创业这条路，任何压力我都必须要扛下去。既然我已经成功注册了公司，我就一定可以将它做好。就算所有员工都走了，至少还有我老婆不离不弃陪着我，支持我。

创业犹如在大海中航行，没有任何人的公司可以一帆风顺地驶向成功的彼岸，都要一步步慢慢走过来，要经历狂风，要经受暴雨。我当时就在想，除非我身葬这商海，否则我一定要坚持到最后。

马云有句话说得很好：“今天很残酷，明天更残酷，后天很美好，但是绝大部分人都死在明天晚上，只有那些真正的英雄才能见到后天的太阳。黎明前的黑暗最深沉，可是熬过去了就是朝阳曙光。”

一个多月后，欧阳重新回到了公司。其间，我们也招了一些员工。后来，我三弟查艳也来到了公司。公司逐渐走上了正轨。现在算起来，2005 年进公司的员工中，剩下的也就只有查艳和欧阳了。因为，那时候的我们不像现在知道在员工面前谈梦想、给希望，让员工树立起一种理念，当时只知道一心地埋头苦干。

2005 年公司谈了几个客户，业绩也还不错，我们租了一个厂房，相当于一个小的仓库。那时候公司刚起步，什么事情都要自己去做，每个人几乎都身兼数职，比如我既是总经理又是装卸工、搬运工；我老婆又做客服，又做财务，甚至有时候还当装卸工，为了节省成本，有时候大家忙不过来，她甚至还会去提货。

说真心话，那时候真的很苦，每天都要忙到很晚。我们不知道未来的方向会是在哪里，不知道未来会做成什么样，只是一路走一路看。2005年，我的自行车成功升级为电瓶车，后来又买了辆货车。至今，我都很怀念那辆货车，车牌是苏E64778。那是我们的第一部货车，我一直想留下来，可惜未能如愿。

雨果说：“艺术的大道上荆棘丛生，这也是好事，常人都望而生畏，只有意志坚强的人例外。”

我想说，创业的道路上亦是荆棘丛生，常人都望而生畏，只有意志坚强的人例外。我相信，我是那个意志坚强的人。回想2005年走过的点点滴滴，感慨颇深，总结这一年，我们有三个非常——非常累，非常快乐，非常幸福。

第三节：坚持了108次

戴尔·卡耐基说过：“朝着一定目标走去是‘志’，一鼓作气中途不停止是‘气’，两者合起来就是志气。一切事业的成败都取决于此。”自创业以来，我几乎每天都处在亢奋状态，浑身充满了激情和能量。我相信，唯有巅峰的状态才能成就巅峰的人生。

创业初期，建渠道自然是最关键的事情。那段日子，我们花了很多时间和功夫去找资源。尽管很累，可我却一直很怀念甚至感激那段时光，就像那场108次的坚持。

2005年淮安液氨泄露事件发生后，物流行业也备受影响，国家对危险品运输的限制也更加严厉。可是，作为一个物流公司，如果放弃危险品运输，盈利的机会就会少很多，再加上，当时我们公司最大的客户——武藏涂料，很多的产品属于物流运输中的危险品范畴。如果丢掉它，公司大概有一半的人没业绩。所以，为了可以运输危险品，我决定去注册危险品运输资格证。

我相信爱默生的那句话——每一种挫折或不利的突变，都带着同样或较大的有利的种子。我当时一心想把企业做大，无论有多大困难，只要有助于企业的发展，哪怕再艰难，我也会勇往直前。

我那时候在苏州是个名不见经传的三无人员——没背景，没关系，没钱。想在那里注册危险品公司（危险品运输资质公司）是一件很困难的事，而且注册的要求也非常高。可是，无论多么困难，既然选择了，就不能放弃，我必须去注册危险品公司。

大概是受淮安液氨泄漏事件的影响，基本上，只要有物流公司来注册危险品运输资格，都会被退回去。所以，当我第一次带着危险品运输资格证申请报告去注册的时候，负责危险品运输公司资格注册的运管科领导连看都没看我一眼，就直接将我拒之门外了。

因为事先有心理准备，所以当被拒之门外的时候，我并未有什么挫败感。我心想，无论如何，我也一定要拿下这个资格证书，一次不行就两次，两次不行就三次，直到拿下为止。

伏尔泰说：“人生布满了荆棘，我们能想到的唯一办法是从那些荆棘上迅速跨过。”所以，只要能成功地注册危险品运输资格证，哪怕只有百分之一的希望，我也要为之努力。于是，我便天天去送资料，甚至一天跑好几次。我去的次数之多，连门卫看到我都会不耐烦地说：“你怎么又来了！”

当时，那里另外一个负责人对我说：“没戏的，小伙子，你不要再弄了，我们不批的。要是安评的话，我们倒是可以帮你。”

我当时心想：“现在批都不批，还谈什么安评。”

那时候，物流行业刚刚兴起，很多资料并不齐全，自然也包括危险运输资格证注册的相关资料，书上很少，网上也几乎没有。不过，世间的事往往就是这样，正所谓天无绝人之路。

我突然想起了我买第一部车的那家公司就是一家危险品运输公司。于是，我便去和公司的负责人交流。他特别慷慨地将一些资料全给了我，让我拿去复印。我将资料拿回来之后就对照着自己的申请报告进行修改。

为了可以注册成功，我每天都不停地来来回回奔跑，拿过去，不行，就回来修改，修改好了继续拿过去，如此反复，有时候一天甚至要跑三四次，运管科长一见到我就烦。当门卫拦着我，对我疾言厉色的时候，我并未退缩。我那时候就觉得，管你怎么讲怎么骂，我一定要将危险品运输资格注册下来。

后来，工作人员大概是被我的诚心所打动，他开始不再厌烦我，而是细心地告诉我哪里需要改，怎么改。就这样，我整整坚持了三个月，跑了 108 次，接受了 107 次的拒绝，成功地注册了危险品运输资格证。到目前为止，在整个苏州，我们公司的危险品运输已经跻身为整个行业的前三名，而零担物流则是第一名。

通过这件事，我明白了一个道理——如果你真的想做一件事情，那么就算障碍重重，你也会想尽一切办法去办到它。但你若不是真心地想要去完成一件事情，那么纵使前方道路平坦，你也会找到一切借口停止向前。

第四节：坚持下来，就是成功

马云说的一句话我很赞同——生活是公平的，哪怕吃了很多苦，只要你坚持下去，一定会有收获，即使最后失败了，你也获得了别人不具备的经历。

2004年，我、我老婆、欧阳三个人从在别的公司挂靠开始，一路摸索，制定战略，开拓渠道，打基础，建团队，终于在年底成功注册了属于我们自己的公司。

2005年，我们的团队最多的时候达到了18个人，虽然挫折不断，但是我们都一一克服了。渐渐地，我们有了仓库，我们的客户在不停地增长。2005年9月2号，我花7万多元买了第一部货车，11月买了第二辆。可喜的是，那一年，我们公司接到了第一个500强合作伙伴的单子。虽然公司依旧处在打基础的状态，可是那一年，我们的营业收入达到了400万元。

2006年公司不断发展，逐渐步入正轨。团队规模达到了20人以上。2006年2月，公司库房达到500平方米。这时我们又有了第二家500

强的合作伙伴，与我们合作的客户也越来越多。不过，那时候每天都很累，因为没有叉车，所有的货员工都必须自己动手搬。可是，那时候，我和员工的关系却特别好，团队凝聚力也很高。真的就像大家常说的那样——小团队靠感情，中团队靠体制，大团队靠文化。

2007 年，公司有了 5000 平方米的库房，10 部货车。那一年似乎一切都很顺利，可是10月4日，却发生了一件令我至今难忘的事故。这一天，公司的运输车早早地从公司出发，开到新区塔园路与向阳路交叉口时，突然发生了翻车事故。车子缓缓地翻倒，车子上的员工跳下车，看着车一点点倒下，甚至笑着说："哎，车子还可以这样翻的。"当时虽然车子没坏，人没伤，对环境也没有一点儿影响，可是公司还是被勒令停业整顿三个月。

大概是翻车的时间太凑巧，媒体对此事进行了大曝光，成为了第二天的头条新闻。有人开玩笑说："查焰松，你要是 10 月 9 号翻就没事了，你为什么在 4 号翻了呢？"为此，我还做了检讨。当时事故并不大，可是因为没经历过，缺少公关能力。所以，我们被惩罚得挺严重的。通过此次教训，我开始在公司大力宣传恶补运输安全知识，2007 年 12 月份，公司建立了网络查询系统。

2008 年，公司通过 ISO9001 认证，建立了 ERP 系统，获得"苏州 3A 物流企业"称号，并开通了江苏快货。公司搬到了双马街。

2009 年，公司被评为"中国 3A 运输企业"。我个人成为苏州安徽商会的副会长。6 月，快而捷在上海成立分公司，7 月在苏州新区成立分公司。

2010年，公司升级为江苏重点物流企业，荣获"国家3A级物流企业"称号，并被评为"江苏省道路货物运输50佳质量信誉企业"。

2011年4月公司获得了海关监管资格，并荣获"江苏省50佳货运企业"称号。

今天，当你打开电脑，搜索"快而捷"，你会发现它是这样一个强大的企业。

企业简介

苏州快而捷物流有限公司成立于2004年11月，位于中国新加坡苏州工业园区，是一家以危险品运输、海关监督、冷藏运输、普货运输、配送等业务为主，集国内公路运输、空运代理、终端配送、供应链管理、物流咨询等为一体的综合性第三方物流企业。在近10年的发展历程中，苏州快而捷物流有限公司为区域经济发展做出了突出贡献，创造了令人瞩目的业绩。

目前，苏州快而捷物流有限公司依托自身发展所积累的物流资源整合、经营规模、物流管理等三大优势，已构建起一个多功能、高层次、快集散、广辐射的物流服务网络。

快而捷采用现代物流各种前沿科技技术，所有车辆均配备全球卫星定位系统（GPS）、结合地理信息系统（GIS）技术，车辆、仓储、货物信息24小时实时查询。拥有精细化的KPI数据管理，JIT准时高效服务，ERP客户需求分析。400全国客服专线电话24小时查询等，满足客户实时查询、监控、跟踪、配送、结算等多项需求。快而捷的经营理念：诚信为本、市场导向、客户优先、为客户增值，实现“客户、企业、员工、社会”四满意。

我们坚信

品质源于实力、专业铸造完美、快捷通达天下、诚信成就未来！我们将坚定不移地实施人才、品牌、企业文化三大战略，形成一个具有战略思维、懂经营、会管理的公司核心管理团队，培育一支高素质的员工队伍。精心营造吸引人才、尊重人才、留住人才的良好环境和氛围，为各类人才构筑充分施展才华的广阔平台。

实施品牌战略。以创优质服务为基本准则，全力塑造“快而捷”物流品牌和企业形象，把“快而捷”打造成全国第三方物流著名品牌。

实施企业文化战略。持之以恒、逐步培育具有“快而捷”自身特色的核心价值观和核心竞争力。以高品位的企业文化使公司对内形成强大的凝聚力，对外形成持久的市场竞争力。做精、做优、做强、做大，回报社会，为区域经济发展做出贡献。

全体“快而捷”人正携手千年古吴之深厚底蕴，趁“十二五”规划之发展大势，满怀信心、抢抓机遇、迎接挑战、团结拼搏、与时俱进，去创造美好的未来！

企业文化

核心价值：服务是利润的源泉，守时是专业的表现，细节是成败的关键。

服务宗旨：快捷，方便，安全，准时。

公司目标：致力于企业第三方物流服务商。

经营导向：管理规范化，操作流程化，服务个性化，运输快捷化。

质量标准：零投诉标准。

服务原则：客户永远是对的。

工作氛围：快乐，积极，奉献，敬业。

人才观念：尊重人才，发现人才，爱惜人才，培养人才，人才是资本，是企业发展的核心动力。

经营理念

诚信为本，以快制胜。

以市场为导向，实现快捷化运输。

坚持服务方式的创新，与客户协同运作，实行“JIT”特色服务，使之更具有灵活性、长期性和交互性。

力求客户满意，企业满意，员工满意，社会满意。做到零投诉、零破损、零赔偿、零事故。

统一经营理念、统一技术平台、统一服务标准、统一单证格式、统一操作流程。

一路走来，风雨挫折，有汗水，有欢笑，更有收获。一个企业家躲不掉压力，要变压力为动力，而且要耐得住寂寞，经得住诱惑，受得住冤枉，领导者比的不是谁更有力量，比的是谁经历了无数磨难后依旧坚持。

Chapter 5

中流砥柱——快而捷的精英们

“路漫漫其修远兮，吾将上下而求索。”回顾过去的十年，我，以及每位快而捷人都备感自豪。然而，我们绝不会止于此，下一个十年接踵而至，站在新的起点上展望未来，快而捷必将继续秉承“诚信为本，以快制胜”的服务理念，乘风破浪，迎接新的挑战和机遇，运筹帷幄，决胜千里。

第一节：欧阳凯——不抛弃不放弃

他和快而捷共同走过了十个春秋。十年，他从一个毛头小伙成为了一名拥有丰富物流操作经验的专业管理人员。十年来，他一步一个脚印，了解基层，深入基层，抓好基层工作，和员工团结在一起，经历风雨挫折，不弃不馁，终于成为快而捷运营副总。他叫欧阳凯，在快而捷用他的坚持书写了一段蜕变的故事。

大别山区的父亲母亲

1984年，在那个首夏清和、麦熟梅黄的季节里，欧阳凯出生在美丽的安庆市太湖县。那里位于皖鄂赣三省交界处，香茗羊秀、泊湖蓄美。家乡的山清水秀、鸟语花香并未给欧阳凯留下什么深刻的印象，留在他脑海里的是母亲的勤劳质朴和父亲的坚韧伟岸的形象。

欧阳凯的父亲是村干部，母亲是典型的农村妇女，家里的收入都来自父亲的工资和母亲种地养猪卖的钱。从小生活在大别山区的他，从记事起，就觉得父亲是个了不起的人物。父亲当过兵，从事过保险工作，也在乡办企业里工作过，是家里不折不扣的顶梁柱，对子女影响颇深。不但是他，家里的几个姊妹也都十分崇拜父亲，当然也很怕。

令人回味的军旅生涯

17岁那年，和很多青年一样，欧阳凯因成绩不好，离开了学校。大概是受家风的影响，家里人便要求他也去当兵，因为欧阳凯的爷爷和父亲都当过兵。

欧阳凯说："那时候，我学习不好，家里人要求我去当兵，觉得把孩子送到部队里锻炼锻炼，对孩子会有很大的好处。再加上我当时也在想，当兵之后出来找工作会容易一些，所以我决定参军入伍。"在家人的鼓动和自己的深思熟虑下，欧阳凯踏入了参军的行列。

"我当兵的地方是东北黑龙江的佳木斯。刚从学校出来那会儿还带着学生气儿，什么都不懂，到部队就是一张白纸，什么都要重新学，从吃饭、走路，再到几点钟起床，什么时候睡觉，全部要重新学。刚开始去的时候，感觉蛮苦的。

"因为第一，东北跟我们南方的气候是不一样的，那边很冷，我去的时候是零下 30 多度。第二，训练感觉比较苦，要早起。不仅早上有训练，晚上在室内还要训练，此外还要进行一些小训练。在学校的孩子肯定都没有经过什么体育锻炼的，在连队里体能跟不上，班长都会在后面踹。我记得很清楚的就是负重跑五公里，跑不动的时候，两个班的班长就拉着你的背包带，带着你跑。有时候，跑不动，连长就拿根棍子在后面敲。"

提起部队的生活，欧阳凯格外感激，因为他在这里学到了很多。他说："在部队这个大熔炉里，我收获颇多，不仅收获了强健的体魄和优良的作风，还结识了来自五湖四海的兄弟。第一次离家这么远，第一次和这么多人一起在外地过年，第一次晚上站岗，第一次和战友喝得酩酊大醉……有太多的第一次。在这些第一次中，我渐渐长大，渐渐成熟。"

谁的青春不迷茫

两年的部队生活转眼即逝，退伍回来后，欧阳凯在家待了一段时间，家里人托了关系给他找了两份很不错的工作，一个是在他们家乡那边的市烟草专卖局，另一个是在合肥的一家工程公司。

欧阳凯说："当时去这家工程公司上班，还要经过考试，我考试考得还不错，但是后来还是决定放弃，然后就去了市里的烟草专卖局做稽查员。干了差不多一个多月吧，我就辞职了。我那时候喜欢玩，没有定下心，而且刚从部队回来，自我感觉很良好。那时候我也没有太多的社会经验，社会上跟部队还是不一样的，天天在公司待着，感觉太闲了，从部队回来的人根本没办法承受一成不变特别清闲的工作，闲不住，感觉工作太枯燥，太无聊。"

离开市烟草专卖局之后，欧阳凯去了沈阳，两个月后又去了合肥，在合肥待了一段时间，又转战湖州。欧阳凯说："那时候我就想到处走走，到处看看，我不知道自己需要什么，什么才适合我。"刘同写过一本书，名字叫《谁的青春不迷茫》，是的，每个人的青春都是迷茫的，欧阳凯自然也不例外。

长久的奔波漂泊，欧阳凯也觉得累了，他开始想定下心来驻足在某处，找一个固定发展的工作，确定一个坚定不移的目标。于是他便打电话给了我。那时候，我在苏州，不过，还在别人的公司做物流。我便让他到苏州来。

不久后，欧阳凯来到了苏州，在苏州找了一份汽车销售的工作——东南汽车。那时候，一辆车基本上都得十几万，很多人都买不起车。而欧阳凯既没有什么社会工作经验，也没有好口才，更没有人脉资源。所以，两个月后，他的销售业绩毫无起色，一个月600块钱的工资使他的生活非常拮据。

刚好那时候，我在尝试着创业。于是，2004年5月，欧阳凯加入了我的创业团队，当时还没有快而捷。公司刚起步时，就三个人。那时候客户不多，也就那么一两个，我们就用最原始的方式提供最优质的服务。那段时间如果货不多，我们就用自行车送货去货运市场，通常都要骑四五十公里。这种坚韧的作风在快而捷得到了很好的延续。

与快而捷风雨同舟的十年

从快而捷刚开始成立起，欧阳凯便和我齐头并进，一起打拼。那时候，我们两个人都是骑自行车，风里来雨里去的提货送货。

欧阳凯回忆说："我记得有一段时间，送一个客户——武藏涂料的货，每天起早贪黑，早上基本上4点钟起床，骑自行车到公司，然后把自行车往货车上一扔，便到上海送货，下午回来，又接着提货，每天都这样重复。那段时间，真的很累，但是感觉不到辛苦，就觉得挺充实的。那段时间，我骑着自行车基本上跑遍了苏州的大街小巷。有时候我还要拉着一桶货，骑着自行车去很远很远的地方，一般都有四五十公里。”

从部队出来的小兵走到现在，欧阳凯经历了一些坎坷，思想也经历了一些冲撞。刚开始公司的条件很差，不仅工资很低，还得起早贪黑，但他还是坚持了下来。

目前，欧阳凯是快而捷的运营副总，主要负责调度、派送、仓库等日常运营工作。这一路走来，他的确很不容易。他从最基层的工作一步一步走过来，深入基层和员工团结在一起，为公司的发展做出了很大的贡献。

欧阳凯说：“从业这么长时间，这份工作是我从事时间最长，也是用心最多的事业。查总也是除了父母老师以外教我最多的人。他对待和处理事情总有自己独到的想法，我就是从他身上学会了独立思考的习惯的。”

快而捷创立前几年，我和员工走得很近，每天都和员工一起干活。隔三差五的，晚上干完活，还和大家一起去吃饭。那时候就算从早上装货装到晚上十一二点，大家也都开开心心，团队的凝聚力很高。但是，企业就和部队一样——铁打的营盘流水的兵，人走了又来，来了又去。

十年来，欧阳是待在快而捷时间最长的人，他的经历可以用当年很火的电视剧《士兵突击》里的一句经典台词：“不抛弃，不放弃。”

快而捷人始终坚信：虽然通往山顶的路上有很多的荆棘，很多的崎岖，但总有一天我们会到达山顶。

第二节：马云——傲视风霜，绽放沁人心脾的香

在我的印象里，马云一直是一个雷厉风行，有着好强性格的小女孩。她聪明伶俐，积极自信，对自己的要求十分严格，对人对事极为认真。她是一位80后，来自周总理的故乡江苏淮安，是快而捷的一朵盛开的梅花，高雅、执着，有着一股不服输的精神。

学习生涯不甘平凡

没有考上名牌大学的马云有过失落和惆怅，但毅然放弃了父母给她安排的复读机会，而选择了苏州的一所职业学院，来到了她梦寐以求的有“上有天堂，下有苏杭”之称的苏州。在她的印象中，苏州是个美丽的地方，也是个发展机会很多的城市。所以，她一直希望毕业后留在苏州发展。

初进大学的她就是班上的佼佼者，因学习成绩优秀、曾获得“省

三好学生”的荣誉称号，且有班级管理经验，班主任直接让她担任班长一职。一次看到学校竞选学生会主席及委员的海报，同学们都鼓励她报名。拿破仑曾经说过：“不想做将军的士兵不是好士兵。”

马云觉得自己可以挑战一下，于是就报名参加竞选，并开始筹备演讲稿。“对于一件事情，要么不做，要做就一定要做好。”这是她一贯的作风。为了这篇演讲稿，她还专门请教了初中的班主任朱学海老师，朱学海老师是她最敬重的一位语文老师。

在老师的指导和帮助下，她完成了一篇自觉满意的竞选演讲稿。这次的竞选演讲使她从筛选的30名竞选者中脱颖而出。经过现场答辩、投票选举等环节，她从最后5名优秀者中以占据一半以上的投票数最终成为学生会主席。在一片热烈的鼓掌声中，她流下了激动的泪水。

责任胜于一切

2007年3月，和很多刚毕业的大学生一样，马云投入到找工作的大军。她辗转在苏州的人才市场，机缘巧合地加入了快而捷物流公司。虽然那时候的快而捷规模比较小，但她深知要把握好每一次机会，也庆幸找到一份与自己专业对口的工作。

从加入快而捷物流公司的第一天起，她便严格要求自己。她知道作为一个刚毕业的大学生，没有什么工作经验，需以一种学习的心态提升自己各方面的能力。

她说："刚出来工作，觉得自己要辛苦一点儿，苦尽甘来。一开始来快而捷的时候，快而捷的条件还不是很好，可是，我一般不换工作，基本上认定一家公司就踏踏实实地做下去。而且，刚开始出来，虽然学的是物流专业，但是在实际操作上都没什么相关的经验。如果这个公司能够给我一次学习的机会，让我能够接触物流，我觉得可以好好地工作下去。"

来到快而捷，马云开始担任客服的工作，可是开始工作并不是很顺利，每天打电话与客户、供应商、司机进行沟通和协调运输过程中出现的问题，一天几乎要打上百通的电话，面对客户的投诉、供应商的不配合、司机傲慢的言语，有委屈、有泪水，但她鼓励自己"沟通能解决一切问题"。

虽然工作是8小时，但对于物流服务行业来说，工作时间并不是很固定，心中始终牢记"责任"二字的她，只要工作没做完，每天不管多晚都会坚持确认最后一票货物送达才安心下班。

马云说："我印象比较深的是，以前我一个人一天要打两百通电话以上。有时候忙到连喝水和去卫生间的时间都没有，但是我对自己的要求很高，必须把每天的工作都做完。如果说没有到货，或者有客户投诉，必须处理完才能下班。说起来我们是一天工作8小时，可是一开始的时候，我基本上每天吃完晚饭还要回来继续工作。后来部门人员增加以后，我也是奉行当日事当日毕，下班之前一定要把当天的工作做完。我觉得我这一路走来，一是靠查总一路带我，另外就是靠自己去摸索，包括我们客服组织架构的划分，增加了一些调查，这些都是我慢慢摸索出来的。”

刚来快而捷时，马云就觉得快而捷是一个很有发展前景的企业，也是发展机会比较多的企业。从公司的名称字面上理解，快而捷——快速而便捷，马云也希望自己所在的公司能为客户提供一种快速而便捷的服务。

刚开始进公司，她深深明白，一开始企业可能并不怎么样，但是将来企业必将会做得越来越好。那样的话，这里面就会有她的一份功劳，有她的一份努力，她也可以在公司发展的同时看到自己的成长。

马云说：“我觉得，刚开始起步的企业机会比较多，我刚开始就是从一个普普通通的客服，慢慢地做到了客服主管的位置，然后再到客服经理。这样一路走来，我的成长是看得见的。不管怎么讲，我希望自己和快而捷一起成长。从 2007 年进来到现在，公司的发展我都可以看得到，非常快，非常好。我也坚信，我们公司能够在查总的带领下做到苏州市最好。我在招人的时候会告诉他们快而捷的发展，也告诉他们我自己在快而捷的成长，希望他们也能在快而捷找到他们的价值，和快而捷一同成长。”

“宝剑锋从磨砺出，梅花香自苦寒来。”到快而捷物流公司不到一年时间，她就被提升为客服部主管，不到三年时间就被提拔为客服部经理，并多次在年度评比中获得“优秀管理干部”的荣誉称号。她用事实证明——成功属于永不放弃的人！

强将手下无弱兵

说起自己是怎样的一个人，以什么心态去带领团队，马云笑着说：“我觉得我是一个负责任的人。负责任是最起码的要求，你必须是一个负责任的人，别人才会信任你。我对自己的要求比较严格，哪怕事情再难办，我也要求自己必须做好。我还是一个比较要强的人，我从小到大就是这样，在学校也是这样。我觉得只有让自己成为一个负责任的人，做一个比较优秀的人，那你团队里的人员才能以你为榜样，变得优秀。这就是所谓的榜样力量。”

马云坦言带团队她并没有什么经验，但是，对她来说，团队就是一个整体。她说：“你一个人把事情做好并不能代表什么，只有你部门里的每一个人把事情做好，才能说明你们是一个优秀的团队，这是非常重要的。所以我就跟我部门的人讲，他们的优秀就代表我的优秀，我的优秀并不能代表什么。要带像你一样优秀的人，这样你的团队才会越来越好，你部门里每个人优秀，你这个团队绝对是优秀的。所以，团队的合作是非常重要的。你要照顾到每一个人，去帮助他们，要在他们的工作上给他们一些正确的指导，这样对他们的成长会有很大的帮助。”

当她叫马云的时候，阿里巴巴的马云还没有出名，她很欣赏阿里巴巴马云管理团队的领导力。“什么是团队？团队就是不要让另外一个人失败，不要让团队任何一个人失败。”

马云深知个人的优秀并不能代表什么，团队的优秀才能体现出她的优秀。她的团队人员基本都是80后和90后，作为80后的她，有着不同于其他管理人员的管理模式。她善于总结部门人员平时工作中出现的问题并找出相应的对策，对其进行耐心地实时指导，让部门中的每个人得到进步和提高，同时用对自己的标准激励团队里的每一个人。

工作中，她时常关注部门中每个人为人处世的态度，还帮他们做性格分析，提出改善建议，并为其定位适合的工作岗位。工作之余，她像一位“大姐大”，大家一起探讨生活中的点点滴滴，帮助大家解决生活或工作中的困惑。闲暇时，她还会组织一些集体活动，增加团队的凝聚力。

“我们部门总的规划都是自己来承担完成。很多时候我们向查总学习的是一些方法，还有他传授的一些经验。我觉得查总是一个比较雷厉风行的人，他的思想都是跳跃式的。人家都说要跟对人，跟对一个好的领导，会让自己少走一些弯路，我觉得的确是这样。”这是马云的肺腑之言。

别人常说“跟人要跟对人”，马云深知现在的年轻人并不是给他一份工作、一份固定的工资就能够满足了，他们想要良好的工作氛围、渴求更多的晋升机会……她常为部门的人思索着前方的路，给予团队鼓励和希望，灌输“急客户所急，解客户之急”的服务理念。

在部门内部，她实行“自我管理”模式，让每一个人有主人翁意识，并告诉团队里的每一个人：“我们要做最优秀的部门，你们必定成为优秀的人！”她的部门是公司提拔管理干部最多的部门。

感恩快而捷

马云说，如果非要她对快而捷说点儿什么，她说大概就是感恩吧。她说，来到快而捷，她收获了很多。之前，她从未想过，以后自己会做出什么样的成绩，上升到什么样的位置，可是，快而捷给了她一个施展自己的平台，给了她很多机会，让她可以一步一步地往上升。

而且，在快而捷，她学到的东西也很多，特别是在沟通能力方面，还有协调能力方面，她都有很大的提高，她觉得沟通能解决一切问题。

她说：“对我们客服来说，沟通能解决一切问题。客户再怎么刁蛮，再怎么生气，只要你跟他好好沟通都能解决事情。我记得有一次，我们服务的一家世界500强的企业，是做汽车空调之类的产品，那家企业负责跟我们沟通的人是个特别严肃的人，你给他打电话，他最多可以讲两句话，基本上不会理你。”

“碰了很多次钉子之后，我就开始琢磨他是怎样一种性格的人，然后就和他慢慢熟悉了起来。熟悉之后，我们在处理客诉问题上就顺利多了。记得那之后发生过一次客诉，我们专门坐飞机去了重庆，直接去他那边处理。后来，大家通过沟通，逐步让他了解到我们快而捷物流之后，他对我们的评价很高。”

“包括以后，他的出货都指定用我们快而捷来为他们服务。其实，在我们的沟通中，我们遇到很多这样的客户，可能一开始他不怎么认可你，经过我们的沟通和为他们提供服务，他们慢慢地就认可了我们。这对我来说，也会有小小的成就感。”

在快而捷物流公司这个平台上，马云成长了很多，也收获了很多。她觉得：

首先，干一行要爱一行，专注做自己选择的工作，要从“做”到“做好”、“做精”，并实现自我价值。

其次，做人做事一定要乐观，工作和生活中必定会遇到烦恼和不顺心的事情，找到适合自己的合理解压方式，学会调整好自己的心态。

第三，积极面对困难，学会解决问题。工作其实就是问题叠着问题，我们在解决问题的同时，能力也得到了提高。

第四，任何时候对自己要有信心，只有相信自己并付出行动的人才会取得成功，即使没有成功也不会给自己留下遗憾。

第五，要学会感恩。她深知：没有快而捷物流，就没有现在的自己！她非常感恩快而捷物流这个平台，同时非常感谢查焰松董事长的引导和栽培，还有所有快而捷物流的同仁一直以来的帮助和支持！她相信大家齐心协力，快而捷未来定能实现“飞机上天，股票上市”。

她也期待着能和大家一起描绘快而捷的宏伟蓝图！

第三节：梁继刚——从平凡到卓越

如今的他是一个自信从容的男人，是一位勇于挑战的战士，是一个身先士卒的领导者。带团队，建市场，从平凡做到优秀，从优秀做到卓越。他的改变就是来自他立志一定要做生命中最好的自己。在快而捷这个平台上，他手持一把销售利剑，创造了快而捷物流营销部的辉煌历史。

走过叛逆期 迎来新人生

1983 年 2 月，梁继刚出生在湖北武汉的一户普通人家。大脑袋，小身子，即使是 30 年后，他的“光辉形象”仍然没有什么大的改观。他的父母对他的描述是这样的：“大大的脑袋，凹凸的面颊，淘气的露齿笑，一个 1.69 米的海拔、160 斤重的顽童模样。”这也注定他的人生不平凡！

中小学时代，梁继刚是个不折不扣的顽童。他是在父亲的拳脚下长大的，经常跟一群孩子打架，但没有一次是为自己，全是为了朋友。他说，让他印象最深刻的是高中叛逆期的时候，那时候感觉父母和自己格格不入。他经常和学校或者学校外面的那些小混混搅在一起，和别人打架。

他说："我记得有一次，我和别人打架，我应校领导要求来学校赔礼道歉，我当时读的是我们县的重点高中，进去很不容易。我爸当然不希望我就此辍学，就当着我的面，给校领导道歉。我姑姑家在县城，我住在她家。后来突然有一天我姑姑跟我讲，因为家里经济本来就不怎么好，因为我打架，把别人伤得很严重，家里赔了12万元。"

"2002年的时候，12万元可是个不小的数目。我姑姑说，她跟我爸兄妹几十年，从来没见我爸哭过，除了这次。听到这些，我当时的触动很深。我之前也确实没看过我爸有什么伤感的时候，我突然就觉得自己很对不起他。所以读大学的时候，我就选择自己贷款兼职读书，学费和生活费我都没让我爸操心过。"

那次以后，梁继刚改变了很多，他变得很听话，也会替父母着想。

小的时候，梁继刚就长着一个大脑袋，现在的他，脑袋依旧很大。很多人说，头大聪明。梁继刚笑着说："我大概是个特例，虽然脑袋很大，但其实很笨，每次遇到什么问题，都只能一个一个去想，你要是连提三个问题，我就消化不了。"

从小，他的功课就不好，初中毕业时想考个二流高中，结果连考两次都没考上，原因之一就是数学太差。他第一次参加高考，数学只得了24分。他觉得自己根本就不是上大学的料，想出去打工，看到打工回来的人身穿“报喜鸟”，脚踏“鳄鱼皮”，他很羡慕。

但作为一个孝顺的儿子，父母望子成龙的心深深地触动着他，他也明白，穷苦人家的孩子只有读书才是真正的出路，所以他下定决心要好好学习，考上一所名牌大学光宗耀祖！终于，皇天不负苦心人，经过不懈的努力，第二次高考成绩出来后，他数学破天荒地考了109分（那时，数学一科满分是120分），而他也以骄人的成绩考上了武汉大学。

和很多农村的孩子一样，梁继刚的家庭并不富裕，主要经济来源是种地。高中之前，他靠着爸妈的辛勤劳动来获取生活费和学费，然而，进入大学之后，他没用家里一分钱，学费靠贷款支付，生活费就靠每个星期兼职来赚取，就这样，梁继刚顺利地读完了大学。

初入社会 好男儿志在四方

2005年，毫无悬念地，他毕业了。好男儿志在四方，踏上月台，他义无反顾奔向了繁荣之都——广州。到了广州之后，他才意识到：广州之行并不是阳光明媚，一帆风顺的，找了半个月工作，饥寒交迫中被一家货运站小专线录取——做装卸工。

每天工作14小时以上，正所谓能者多劳，老板交代了更多的任务给他，制单、装卸、结账、管理，慢慢地他便在这个“小庙”崭露头角。他慢慢琢磨出自己的一套合理化操作模式，让每一辆车配的货更加合理化，营业额上升了，货损减少了，客户满意率提高了！彼时，他才22岁！

有所得必有所失，人生往往就是这样，你得到什么，就必须用其他的东西去交换。来到广州的梁继刚一心扑在工作上，基本没有假期，很少有时间去陪谈了七年的女朋友，时间长了，两人间便激发了矛盾。

回想这一段，梁继刚难免有些唏嘘：“我和我女朋友谈了七年，她在深圳，经常要我去看她，可是我没时间。那时候我刚刚出来，很注重工作，一心想把工作做好，而且当时确实做得蛮好的。我到公司半年，董事长蛮喜欢我的，让我做了广东区的副总，我觉得很高兴，很有成就感，但是忽略了个人感情方面，没有顾及我女朋友那边的想法。”

“2007年年底，我们准备结婚，双方家长见面，定日子。可是，2008年元旦的时候，我们吵了一架，吵得很厉害。我的性格比较倔强，不愿意放弃自己的工作，于是，我们便散了。2008年雪灾遍布了整个华夏，我也心灰意冷，就将自己在广东的东西都寄回了家，之后就再也没去过广东。”

结缘快而捷 演绎精彩蜕变

2008 年 5 月成了梁继刚人生的转折点，桀骜不驯的他和父亲吵了一架，并没有回到广州，而是坐上火车一路向东，一觉醒来下火车，“机缘巧合”地踏上“人间天堂”苏州。以前的工作经历迫使他只能选择物流行业，于是他来到了正在起步中的快而捷物流！

偶然的闲谈中，总经理让他到业务部去试一试。此时，他的师父查副总并不看好他，指着一张桌子告诉他：“你做电话营销吧！”梁继刚说：“我觉得我的适应能力不错，转型转得很快。我以前的工作是属于管理方面的，来到快而捷之后，查总建议我做销售。

“2008 年的薪资待遇并不是很高，我考虑了两天，还是答应了。其实，从管理到销售这个转型的过程比较痛苦，不管是从薪资待遇方面来说，还是从自己内心的压力来讲。当时我还承受着一些外在的压力，负担比较大。但是，几年下来，我觉得我还算比较成功的，我还是比较喜欢做销售的。”

而此时，纵然有两年丰富的物流操作经验，但看似简单的打电话，接通后他居然说不出话来，说出的话也显得凌乱而又语无伦次，手里的电话犹有千斤重。

艰难地度过半个月，他开始思考：沟通这个拦路虎若不解决始终不会突破。于是，他西装革履外出扫街，到现在仍为员工津津乐道的还是他第一次到相城区的蠡口家具城。看到那么多的家具外运，他激动地抄了整整一天的公司名称。可是，由于这类客户与快而捷的定位相差甚远，结果可想而知，他一次次被拒之门外。他一次次奔波于园区、新区，一个月穿坏了两双皮鞋。

回忆起曾经，梁继刚还是感触很深，他说："刚进快而捷的时候，我几乎都不会打电话，只能出去跑。苏州很多保安是本地人，他们大概天生有着优越感，看我们的的眼光总带着种高傲。我记得印象很深的是我在唯亭徒步拜访，还没走过去，那边的保安就让我走开。我当时心里很难以接受，而且大热天很热，我当时有要放弃的想法。我说我这是为什么，我为什么要去做这份工作，为什么要去忍受这种侮辱。

"但是后来想想，既然我自己选择做这个行业，我就应该沉淀自己，伴着这个想法我走到了第二家——北京度辰新材料，因为去第一家的时候我很受挫，所以我的信心失去了很多。到这家时，我低着头走过去，但是，快到门卫那边的时候，我还是抬起了头，走过去跟他打了声招呼。门卫可能看出我不开心，就跟我随便聊了一下，在他的话里，我就发现他们公司有这方面的需求，然后就联系了他们的负责人。"

"一个星期左右，这个公司就成了我的客户。我当时的想法就是——真的是有得必有失，当你感觉受挫的时候并不是你最痛苦的时候，有可能就是你力量最强的时候。"

就这样过了酷暑，迎来严寒。2008年年底，又到了一年一度给客户送挂历台历的时候，公司派小车司机派送。但是梁继刚仍然坚持将自己跟进的客户名单列出来，提上公文包，亲自将这些台历一本一本送到客户手中。那几天普降大雪，到新区给客户电话，客户告知在开会，可将台历放在门卫处。当客户散会去门卫处拿东西时，赫然发现大门口站着一个“雪人”，这让客户感动得无以言表。

虽然这个客户最终没有跟快而捷合作，但是他们之间建立起非常深厚的友谊。最后，这个客户还转介绍了几个物流方面的朋友给梁继刚认识。在一年多的时间里，梁继刚用他的信念、真情、执着赢得了客户，赢得了掌声。他飞速成长着，2009 年年底，他每月营业额达到三十多万，成为快而捷物流营销部的一把销售利剑，创造了快而捷物流营销部的历史！

从优秀到卓越 感恩快而捷

2010 年年初，梁继刚做出一个重要决定：将他这两年开发出的所有客户全部转交公司。他说：“我深知，一个企业要想做大做强，必须依靠团队合作的力量，单打独斗是行不通的。我的成功只是个人的成功，我要的是帮助和带领更多奋进中的人取得成功，而这才是我的成功！”

工作中他是一个非常好的营销者，生活上他是一个贴心的大哥。他常跟下属说：“我不愿意你在快而捷待很多年，但是我希望任何人都能在这边学到更多有用的东西，我希望你们将来有一天能跟我说：‘我已经得到更大的提升，我要去实现更伟大的梦想。’”

四年来，他是一个良师益友，不放弃不抛弃，开导、帮助了许多刚走出学校、迷茫懵懂的毕业生。比如现在营销中心的业务主管杨明通，就是在梁继刚的开导下“脱胎换骨”的。2011 年，你初见他时一定会大失所望：一个自卑、内向、孤僻的青年，你在他身上找不到任何成功的特质。彼时，你看到的是一个悲观、迷惘、失落的年轻人，你在他身上看不到任何成功的希望。但是三年来，杨明通自内而外发生着质变，成为了一名优秀的领导者。

梁继刚是个很用心的领导人，他和团队员工的关系就像一家人，不管是对同事还是团队里的员工，他都很用心。他曾经对团队里的员工们讲过：“我给你们的并不是一份工作，而是一份希望。如果你在我这边也把工作看成一份希望的话，那我希望你能跟我一直走下去。”

27 岁，梁继刚带领团队跟随董事长查焰松创办了快而捷物流（上海）有限公司；28 岁，他跟随董事长查焰松创办了快而捷物流（深圳）有限公司；29 岁，他又跟随董事长创办了快而捷物流（南通）有限公司；而立之年，他再次带领团队跟随董事长创办了快而捷物流（天津）有限公司。

说起他追随董事长创建的几家分公司，梁继刚分外自豪，他回忆说：“目前，快而捷有四家分公司，第一家是上海，当时去那边很艰难，从开始选点到后期的业务开发。说实话，上海的市场和苏州还是不一样的，虽然说在模式上面，大概的销售模式没有变，但是，从销售心理和压力来说，上海分公司比苏州总部要大很多。另外，上海分公司的资金都要通过走苏州总部走。所以，上海分公司还面临着资金方面的压力。但是经过两年的发展，上海分公司那边已经做得很不错了，发展速度还可以。”

说到快而捷，梁继刚充满了感恩，他说：“来到快而捷后，我觉得我转型转对了，这是我职业生涯一个很大的改变，也是一个很大的收获。同时，我感觉自己的心态，包括目标都很明确，不会像以前那样迷茫，为了一份工作而工作。现在我的定位比较清楚，知道自己想要什么，要达到什么样的高度。”

“对我来说，在快而捷，查总是一个灵魂人物，查总是一个很上进的人，有着不服输的性格，这两方面很吸引我。查总对我的影响很大。很多民营企业家，一般企业做到这个程度，都容易自我膨胀。从我 2008 年进快而捷到现在，快而捷的发展速度还是很快的，查总每一次的改变我都很清楚，变化很大，包括他之前的一些艰难，我都有感觉。”

“我进来的时候，公司只有十几个人，现在已经有两百多人了。包括业绩，我进来的时候，公司一个月差不多 50 万的业绩，现在快接近五百万了。这么大的变化跟他的自我拼搏和自我精进是分不开的。我的成长、蜕变都得益于快而捷这个平台和查总的影响，十分感谢快而捷。”

然而，梁继刚的确是一步一个脚印地从平凡做到优秀，从优秀到达卓越的。他的改变就是来自他一定要做生命中最好的自己。现在，他已成长为一位自信从容的男人、勇于挑战的战士、身先士卒的领导者！可他仍然亲自拜访上百家外资企业，帮助不下50人成为顶尖销售人员。

他是快而捷团队建设首选人物的缔造者；他是一位杰出的团队领导者，短短五年时间把快而捷5人创业团队发展到200多人的“商界铁军”；他是一位极具使命感的团队领导者，立志用毕生的时间与精力帮助每一家客户企业排忧解难，风雨无阻地协助战略合作伙伴！

梁继刚说，他希望快而捷就像查总说的那样，十年后可以“飞机上天，公司上市”，到那时，作为快而捷的元老级人物，他必然十分欣慰。因为，这里面有一段他为快而捷付出的历程，有一段属于他的荣誉史。

第四节：吴玲玲——兢兢业业，打造和谐温馨快而捷

初和吴玲玲接触，你就会觉得她是一个团结、上进、务实的小姑娘。在快而捷的这三年，她认认真真，兢兢业业，将快而捷的财务部打造成了一个温馨和谐的小家庭，为快而捷创造了良好的团队氛围，也为公司的发展奉献了自己的一份心力。

随着春晚歌曲《时间都去哪儿了》的走红，越来越多的都市男女不停地在感叹：“是啊，时间都去哪儿了？一不小心，便已过去了这么多年。”平时忙于工作的吴玲玲，很少去想这些，她的时间都在一串串数字、一份份报表中流失了。

回想起来时间过得的确很快，蓦然回首，以往的点点滴滴早已变得模糊不清了。三年前没心没肺的自己，现在也无法再回到那个随心所欲的年代了。但是，一旦静下心来回想自己的成长经历，她发现，原来还是有许多影像是记忆深刻的。

和很多孩子的父母一样，吴玲玲的父母在她很小的时候便去了广东打工，每年就过年回来一次。那时候，小小的她对广东还没有任何概念，

那是另一个世界，离她很远很远，而她只知道爸爸妈妈去了那里，她和哥哥就要和爷爷奶奶一起生活。她特别期盼父母从遥远的地方回来，因为那样她和哥哥便会有很多好吃的、好玩的，还可以穿上新衣服。

上学后，爸爸妈妈留在家里照顾他们，那时候家境也不是很富裕，父母都是老实本分的人，一个月挣的钱只能勉强维持生计，两个孩子上学给他们增加了不少负担，但是吴玲玲的父母都咬着牙挺过来了。虽然那段时间再也没有漂亮的衣服和可爱的玩具，但是从父母身上，吴玲玲学到了担当和责任。

小学的时光是吴玲玲学习生涯中最快乐最开心的时光，因为每天都会有很多小伙伴陪她玩，和她一起上学放学，知道哪里有好吃的好玩的，每次上学和放学的路上他们都要去光顾一下。去学校那一公里的路程对于当时小小的他们来说是个很遥远的距离，可是路途中打打闹闹欢声笑语的点点滴滴都是丰富多彩的。

上了中学后，大家都选择了不同的学校就读，学习压力也越来越大，聚少离多，渐渐地已经找不到儿时的感觉了，尤其是上大学后，大家之间的距离变得更远。吴玲玲无奈地说，这可能就是成长所付出的代价吧。

大学的时光转眼即逝，不知不觉吴玲玲已是一位站在社会边缘的毕业生。在大学的时候，她学的是国际经济与贸易专业，但是由于自己的英语不是很好，她决定从事会计方面的工作，便考了个会计证。为了不让父母为她的工作操心，她决定自己去面对这个陌生的社会。

于是，吴玲玲毅然收拾好行囊，踏上找工作的旅程。一开始出来找工作，吴玲玲吃了不少的闭门羹，渐渐地，她自己也有点儿失去了信心。从南京到无锡再到昆山，终于她在昆山找到了她的第一份工作，刚开始是个会计助理，虽然在财务部门，但是由于她没有工作经验，领导只给她安排了一些简单的工作。

刚进公司的时候，吴玲玲很不适应，但是凭着自己的勤奋与努力，渐渐得到了大家的认可，与同事之间的关系也越来越融洽。三个月后，她转为正式员工了，并且经过岗位调整后，她成为了一名出纳。为此，她暗自高兴了很久——终于，自己不再是个打杂的了。在出纳这个岗位上，吴玲玲做得很出色，渐渐获得了领导的赏识。

后来。一个偶然的机会，往来会计的岗位有个职缺，于是她便向领导申请这份工作。一开始领导很犹豫，因为吴玲玲并没有实际做账的经验，领导很不放心。但是在她的一再保证之下，领导最终将工作交给了她。那时候的吴玲玲身兼两职，虽然很累，但是她觉得很充实，每天都能学到不少知识，这比在学校里学到知识还要让她兴奋。

一年半之后，吴玲玲离开了第一家公司。她说，这也是她职业生涯的一个转折点，虽然第二家公司规模不是很大，但是学到的东西更全面更系统，在那里，她一个人要做所有的财务工作，慢慢地她对财务工作有了更深刻的了解，找到了独当一面的感觉。在第二家公司的两年零一个月里，吴玲玲遇到了她人生中最重要人——她的另一半。

婚后，吴玲玲来到了苏州园区工作，就是“苏州快而捷物流有限公司”。谈到初来快而捷，吴玲玲说：“记得来快而捷时，是查总面试我的，当时觉得查总年纪轻轻就有这样的成就真的很了不起，是我们年轻人的楷模，当然，我很荣幸应聘上了。”

来快而捷后，吴玲玲依然本着勤勤肯肯、认真负责的态度工作，她觉得，财务部的同事们都很友善，在快而捷上班有种家的感觉。她说：“刚开始进公司的3个月，我大部分的时间都淹没在账本里，同时我对公司的运营也有了一定的了解。”

后来，由于老员工的离职，查总决定选一个人来领导财务部，当查总宣布吴玲玲成为财务主管的时候，她整个人都呆了。

她说，她很惊讶，突然间大脑就有种短路的感觉，心里冒出了一个个问句：“为什么会选我呢？我以后该怎么做？我要如何做好一个领导？要怎么领导财务部做出更好的成绩？”虽然工作四年了，可是，对于吴玲玲来说，这还是她第一次当领导。对于查总给予她的信任和器重，她心里除了感激，还有一份沉甸甸的使命感。她在心里暗暗发誓：一定要领导财务部做出更好的成绩。

吴玲玲说，在财务部，她的年龄不是最大的，工作年限也不是最长的，但是同事们都很支持她的工作，每每想到这，她就十分感动。她说：“我想这就是快而捷的魅力所在吧，大家都齐心协力、尽职尽责把工作做好。在快而捷这个大家庭里，大家都在快乐地工作着，这与查总的领导是息息相关的。”

2014年是快而捷成立十周年，大家都怀着感恩的心，秉承着“诚信为本、以快制胜”的经营原则，为公司贡献自己的一份力量。吴玲玲自然也不例外。她说，她坚信快而捷会有一个更加灿烂辉煌的未来。

第五节：高希玉——不甘平凡，用拼搏挑战人生

从苏北小城的一名教师到中国人寿保险公司的一名培训专员，从对人事一窍不通到成为快而捷的优秀 HR，一路走来，高希玉经历了很多，她是一个不甘平凡的女子，她用她的拼搏一步步去挑战人生。

高希玉出生在 20 世纪 80 年代的沂蒙山区（山东临沂），那里青山绿水，风景秀丽。和很多同时期的家庭一样，高希玉的母亲是位地地道道的农民，而父亲则做贩卖水果的小本生意。家境虽然一般，但是她的父亲很重视子女教育。当村里和她相仿年龄的女孩子大多在初中甚至小学没读完就辍学的时候，高希玉的父母却坚持让她们姐妹几个一直读书。

她父亲说他当年因家穷未能读几年书，一辈子因识字不多带来很多的困扰，不愿儿女们再步自己的后尘。回头眺望同龄的儿时玩伴，大多数人依然走着父辈祖辈们走过的路，过着他们曾过的生活。每每想及此事，高希玉都十分感激自己的父母，因为是他们当年的坚持让她走了一段不一样的路。

2007年，高希玉离开了校园，成为一名平平凡凡的毕业生，她选择在苏北的一家中学任教。从教的三年时光中，她从一名青涩的年轻教师，变成了中学一级教师。三年的教师生涯在她的人生中留下一抹永不褪色的的记忆。高希玉回忆说："从刚毕业，教学技巧不是十分娴熟的教师，到中学一级教师，一路走过来，我付出了很多，当然，也收获了很多。"

三年的从教时间，高希玉成长了很多。可是，为了家庭，她需要去追求另一种生活，另一种人生。曾经有过一段时间，高希玉的心里经过了苦苦挣扎，是离开这三尺讲台，还是留下继续从教。从传统思维的角度来衡量，教师应当是女性不错的职业选择，虽然收入一般，却是国家编制，生活稳定。

高希玉深知，如果选择离开，将意味着从零开始转行到一个未知的行业。无数次的徘徊，无数次的挣扎，经过多重思量后，高希玉最终选择了离开，看着自己曾经待过三年的地方，高希玉在心里留下了一句话："天空留下印痕，因为有我飞过。世界留下脚印，因为有我走过。"

离开三尺讲台后，高希玉来到了苏州这座美丽的城市，看着风景秀丽、如诗如画的苏州，高希玉顿时爱上了这里。可是，面对未知的生活，她有着一丝丝的迷茫，她不断鼓励自己："只要坚持，只要自己秉承好学的空杯心态，只要用心投入，一定能够从头开始！"

熙熙攘攘的人才市场上，求职者很多，企业招聘者也很多。高希玉手握简历，心中却有几分迷茫。为了家庭，高希玉离开自己相处了三年亲如姊妹的同事，离开青春活泼可爱的学生，离开让很多人艳羡的职业。“招聘职业培训讲师、市场开拓专员……”被人才市场中一则招聘启事吸引，高希玉递出了手中的简历……或许是自己有一定的从教经历，高希玉很快被选中，获得去中国人寿保险公司面试培训专员的机会。

高希玉说：“记得去那里面试的时候，我发现与公司销售四部的总负责人竟然是同一所高校毕业，我们聊得十分投机。”理所当然，高希玉留在了人寿保险，走进了保险行业，干起了培训专员这一工作。连续数天的培训，高希玉学到了很多，留在这里的心又坚定了一些。于是她从一名助教做起，刻苦工作，边做边学。高希玉说：“其实到后来，你会发现每一行业，只要你认真钻研，都博大精深。”可是后来，因为很多原因，高希玉离开了人寿保险，重新投入了找工作的大军之中。

高希玉说：“结缘快而捷物流是我人生经历中的重要一站。”因为来到快而捷，她相当于踏入了一个几乎全新的职业板块，类似于从零开始。为了可以快速地融入工作，她报考了人力资源培训班。“那段日子里，我基本都穿梭于家、公司和培训班之间。”高希玉回忆说。但是，功夫不负有心人，付出总有回报，一段时间后，高希玉顺利地拿到HR二级证书。

对高希玉来说，快而捷物流是一个有梦想的企业，老板年轻、干练、有梦想、有追求。在他的领导下，公司在一步步扩大，他的严格要求也在鞭策着每一位员工进步提升。

公司不断为员工提供良好的晋升平台，为员工提供良好的培训平台，鼓励员工进一步深造、充电，长松组织系统培训班、管理铁军、财务通……公司精心营造“吸引人才、尊重人才、留住人才”的良好环境。想，凌云壮志；做，脚踏实地。高希玉说：“我相信在不远的将来，全体快而捷人一定能创造出绚丽的未来。”

第六节：路文成——脚踏实地，用实力去独当一面

我第一次见到路文成，就觉得这个小伙子精明能干，浑身散发着一股冲劲。事实证明，我并未看错。从 2009 年进入快而捷，他脚踏实地，勤奋努力，从开始什么都不懂，到现在能独当一面，他的付出和拼搏，不仅我们看在眼中，更在他的成长收获中得到体现。

出生于安徽亳州的路文成，有着农村孩子特有的调皮性格。上小学的时候，他总喜欢到处玩，下河摸鱼、逮蚂蚱……用路文成的话来说，小学的时光他都是混过来的。不过这并没有影响他的学习，小学的时候，他的成绩一直名列前茅。

上了初中，路文成依旧没有改掉贪玩的习惯，可初中的学习不同于小学，不努力，自然不会有好的成绩。那时候，他的成绩一直处在班级十五名到二十名之间，这样的状况一直持续到了初三。大概是感受到了中考的压力，初三最后一学期，他开始努力学习，每天早晨和隔壁家的孩子一起五六点起来读书，就这样坚持了一学期。中考的时候考到了第八名，进入了县重点高中。

路文成说："我好像是那种冲刺型的学生，我们蒙城县教育很不错，一开始进高中那会儿，我在班级里排到了四五十名，后来在高考前，我努力了一段时间，考了班里前20名之内。我觉得在我身上，只要有恒心去做一件事情，还是能达到那种立竿见影的效果的。"

2009年5月，路文成大学毕业。7月，他踏进了人才招聘市场寻找属于自己的那一份工作。由于大学学的是物流管理专业，再加上父母以前也是跑运输的，他便想找一个和物流相关的工作。在熙熙攘攘的招聘现场，他看到了快而捷。于是，他便向快而捷投递了自己的简历。所以，对路文成来说，快而捷物流是他工作的第一家公司，也是至今为止唯一的公司。

进入快而捷之后，路文成顿时感觉在学校里学的那些物流管理知识和现实中是脱节的，书上的很多东西都是国外的，而且程序化、理论性比较强。于是，他决定在快而捷好好实地学习一番。

刚进快而捷那会儿，路文成从事的是操作储干的工作，一开始就是在仓库搬货点儿货，做了两三个月，很辛苦。他回忆说："当时从学校里出来，我就想着，因为在学校里花了不少钱，我想出来后就不再花父母钱了。所以不管第一份工作做什么，不管专业对不对口，这条路我都要走下去，我一定要坚持下去。"

"于是我就在仓库干了3个月。当时公司接了一个订单，客户是一个叫南太平洋的公司，是做香精的。30公斤一桶的液体香精，一共有60吨。我和另一个跟我同一时间进来的员工就负责把这些香精从公司仓库搬到车上，再放好。当时的车不是平板车，是箱车，只能打开边门。我们搬运这批香精时，只能一桶放在前面，后面的再慢慢往一起叠，并不是随便放上去就行，你要叠好，不然就会倒掉，而且卸的时候要把托盘摆好。”

“第一天拉了两车，大概20吨，就我们两个人，一装一卸就相当于40吨。我刚来快而捷，那时就住在快而捷的宿舍里面。那时人比较傻，来快而捷没有任何准备的。夏天蚊子特别多，天很热，我没有买席子，就在床上铺了个纸片，回去后洗了个澡，往上面一躺就睡着了。第二天醒来的时候，我发现我整个人都印在了板上，上面留下了一片和我身体差不多大的印迹。”

“那时候真的很累，手上磨的都是泡，根本感觉不到热，也感觉不到有蚊子。我学的是物流管理，说实话，任何在学校学管理的，一出学校，根本做不了管理。没有经验，让别人无法信服。只有通过自己的工作实践，去接触，去沉淀，去把工作捋顺。”

做了三个月搬运工后，路文成又跟车跟了七八个月，就是做押运。做押运的那段时间，他几乎跑遍了整个江苏省，甚至还跑过浙江的很多城市。有一次他和快而捷的驾驶员一起去送货，从早上6点左右出发，到第二天凌晨三四点钟才回来。路文成说：“那次大概跑了1100多公里，中途都没有休息，一直跑，大概围绕着洪泽湖转了一圈。1100公里，如果按时间算，差不多要跑二十多个小时，太累了。”

作为押运员，路文成平时会注意很多细节，因为快而捷运输的货物大多数都是危险品。他说："有些客户很刁钻，要求你必须将运输来的危险品帮他灌到仪器里。"灌危险品是一件很不容易又极其危险的事。有一次，路文成灌的时候，一不小心蹭到了裤子上，当时身上穿的牛仔裤立马就见白了。

路文成说："没办法，你必须去做，因为查总的服务理念就是客户永远是对的，他让你干，你就必须干。再说，如果客户要求你做这些事，你不照办，他就不收。没办法，为了做服务，我们必须去承担风险。这点查总也明白。可是为了提高服务，留住大客户，我们也只能这样。"

路文成刚来快而捷的时候，快而捷还没有现在发展得如此快，每天最多也就十五六单生意，当时有三四辆车，但是，快而捷在不停地进步，每年都有新的变化。后来，车子逐渐增多，危险品和普货便开始独立运营。

路文成说："我刚来公司那会儿，公司只有一个调度，后来变成两个，再变成四五个。公司的营业额也在逐渐增长。现在的社会竞争很厉害，查总能做到这样，真的很不容易。我相信，快而捷按照这个速度和方式发展，离查总上市的梦想将会越来越近。"

来到快而捷，路文成做了三个月的搬运工，七个月押运员，然后就一直做调度。他说："我觉得我对这份工作还是比较坚持的，做物流行业真的很累，基本上没有什么正常的休息时间，电话要保证24小时畅通。

"我印象最深的是一个夏天，凌晨3点钟左右，我正睡着觉，电话响了，一个客户打来的，跟我说，他有一批货要在上海进仓，很着急。然后，我就开始不停地打电话，打了很多司机的电话都没人接，过了很久，才终于打通电话，找到了一辆车。后来，我就跟客户沟通，我说，下次，你必须晚上10点之前告诉我，不然不好安排车，查总当时给的响应时间就一个小时。再说，我自己也吃不消。物流行业就经常这样。”

一个小时从客户叫车到车子进厂里，对于很多调度来说几乎不可能完成。但是，路文成却几乎总是能在最短的时间内完成。他说，做物流行业对他来说，是一个挑战，每天也很忙很累，可是很充实，能在工作中发现自己不断地在成长，在进步。

现在的路文成开始试着去带团队，去培养优秀的接班人。他与团队里的人相处起来如同朋友，十分融洽。他说：“虽然我比较笨，但是也有三四年的工作经验，希望自己可以多教他们一些东西，跟他们传输一下公司的相关情况，工作的要求，一些具体的操作。让他们更好地融入工作，融入快而捷的大家庭。”

从刚开始进快而捷时的什么都不懂，到现在很多事情都可以独当一面，路文成自然付出了很多。说到这些，他并不觉得有什么，他只是说：“很感谢查总，很感谢快而捷，让我在这里得到了历练和成长。希望能跟着查总一直走下去，将快而捷做大做上市。我希望我自己跟随公司发展的脚步，不断地进步，不断地成长。”

第七节：唐开明——在快而捷的发展中上演了一场蜕变

唐开明总是喜欢这样介绍自己，唐是唐朝的唐，开明人士的开明。来到快而捷之后，唐开明发生了很大的变化，不再暴躁急性子，变得沉稳，带团队也有了一套自己的方法。如今，他的团队员工对他又敬又爱，他也的确有开明人士之风。他见证了快而捷的发展，更见证了自己的蜕变。

1976 年出生在大别山南麓安庆市太湖县的唐开明，和我从小生活的环境大抵相同。和很多 70 后的父辈一样，唐开明的父辈过的基本上都是面朝黄土背朝天，日出而做、日落而息的生活。对于童年往事，唐开明很多都已忘记，却还记得那时候一起玩闹的小伙伴和那段一去不复返的时光给予他的快乐。

小时候，唐开明很喜欢自己去琢磨一些好玩的游戏，并和伙伴们一起分享。农村的孩子没有多余的钱买零食，可是他们有河里的莲蓬、菱角以及自家做的米糖，偶尔吃一个苹果，便觉得自己是这世上最幸福的人了。农忙的时候，唐开明总要帮家里做一些力所能及的事。他说，那时候他最喜欢帮家里干的活就是放牛，放牛的时候小伙伴都会在一块儿，一起游泳，一起采莲蓬和菱角，一起骑牛比赛，现在想起来都很怀念，总想着，若是自己一直停留在那个年代该多好。

孩子们一年到头最盼的便是过春节，唐开明也是如此，因为一到春节便会有新衣服穿，可以吃到很多平时吃不到的美食，还能放炮仗，家里也变得热闹起来。说到童年，唐开明总是会意犹未尽，他回忆道："记得有一次，我穿了一身新衣服到小伙伴们面前显摆，看着他们羡慕的眼神感觉特开心。在一个小伙伴提议下，我们一起去掏鸟窝，结果一不小心上衣被树枝刮破。当时我的心里既难过又害怕，怕回家被父母责怪。后来经过小伙伴们一起开动脑筋，大家一致认为，可以用化血止疼膏粘好。别说效果挺好的，就是父母洗衣服时发现了，结果我被狠狠揍了一顿。"

每当回忆起童年的往事，唐开明都有一种说不出的留恋，可是时光总是流逝得太快，且一去不复返。

中学后，唐开明每天都会围着篮球转，他的学习成绩一落千丈。父母看他没有一点儿想学习的念头，便问他今后的打算。当时的唐开明想，干脆托关系去上班好了。后来，他看到一些同学去当兵，顿时勾起了他儿时的梦想，于是，他便决定去当兵。

经过层层体检和政审，唐开明终于成为了一名解放军战士。回想起当兵的经历，历历往事再次涌上心扉。有人说："当兵后悔三年，不当兵后悔一辈子。”唐开明也有同样的感触。至今，他依旧记得自己第一次紧急集合时狼狈的样子，第一年过春节时想家偷偷掉眼泪的情景。

唐开明说：“在新兵连的三个月里，我从来都没有照过镜子，每天就是不停地训练。那时候我心里就在想以后大概不管什么苦我都能吃。我忘不了的还有体能训练的坚持，5 公里越野时战友之间的互帮互助，聚餐时战友之间喝酒的豪爽。”

一个新兵连下来，唐开明感觉自己成熟了很多，他说，在部队的三年里，他学到了很多东西，这些东西对他以后的人生有着很大的帮助。

退伍回来后，唐开明被分配到现在所称的移民局，那是他的第一份工作。后来，移民局改革，不需要太多人，再加上工作单位收入问题，便开始进行裁员，当时裁的全部是退伍军人。就这样，唐开明便丢失了第一份工作。后来，我打电话到他家去了，让他来快而捷，他不久便过来了。

快而捷 2004 年开始创立，2008 年才开始真正地发展起来，唐开明可谓见证了公司发展、业绩翻倍增长的时光。说到来快而捷，唐开明说：“我当时来快而捷，是因为战友情谊，查总让我过来帮忙。来快而捷以后，通过接触、学习，我对自己的人生规划也变得越来越清晰。以前很少去想这些，当兵回来，想的就是稳定、平安。回家有一份自己的工作，娶老婆，生孩子，有一点儿积蓄就可以了，没有想过大富大贵。”

“在快而捷的这么长时间，跟查总在一起，有时候我们也会一起聊天，聊自己的梦想，这很激励我。查总是一个很好学、很上进、越挫越勇的人。一般人觉得一年挣个几十万、上百万就差不多了，可是他不是，他说，他想看看自己到底有多大的能力，到底能把企业做多大。他的想法就是一直向前走。”

刚来快而捷的时候，遇到困难和挫折，唐开明很难调整好自己的心态，每天都感觉很累很烦，他还为此摔过手机。唐开明说：“物流是一个服务行业，碰到一些客户强词夺理，推卸责任，明明是他们的原因，他们不愿意承认，却来投诉我们，我心里就感觉不平衡。”

“我记得以前接电话，基本一块电池一会儿就没电了，电话还没挂，又来了下一个。自己想打个电话出去根本没机会。有时候，一出问题，心里烦躁，手机都扔了，不管了。”

经过这么长时间在快而捷的打磨，唐开明的心态也有了一些调整，抗压能力渐渐变强。

现在的他总是会想：“做任何事肯定都有风险，我们遇到什么事，最重要的是如何把这件事更好地解决掉。哪怕一天处理一件、两件……我们一件件地解决。发脾气，摔手机，事情也不会自己解决，还得去面对。”

唐开明对自己团队员工的要求很严，可是有些员工总是屡教不改，一个错误不停地去犯。他举例说：“比如说发货串货，把天津的发到广州去了。因为有的时候，有些广州公司的名称和地址并不是一样的，很容易串货，然后就失去了时效性，我们也很头痛，有时候还要包车直接送。我跟他们说过这个问题后，他们还经常会犯同样的错误，我就会特别生气。我以前有时候气得桌子电脑都掀了。”

话虽如此，工作之外唐开明和团队员工的关系却很好。他说，他虽然有时候脾气比较暴躁，很难控制，但是私底下他这人却很好相处。因为他是当兵出身的，所以性子比较直，不可能去算计别人。唐开明经常对他的团队员工说：“上班时该怎样就怎样，把自己的事情做好，下班后我们兄弟相称也没问题。”

慢慢地，唐开明也开始知道如何去和团队的员工相处了，他觉得：对待团队员工，方法很重要，平时要引导他们，一味地去惩罚他们，他们必然会有抵触的心理，不如去跟他们聊天，好好沟通，那样效果反而更好。

以前的唐开明很情绪化，做事情比较急躁，急于求成，容易三分钟热度，而现在的他，随着年龄的增长，加上经历的丰富，他沉稳了很多，不再莽撞、急躁。他说：“跟着查总这么多年，我的很多不好的性格和习惯都得到了改善，而我也找到了我人生的价值。我在这里有了很大的成长和进步，十分感谢查总，十分感谢快而捷。”

第八节：查艳——不鸣则已，一鸣必要惊人

虽然我和查艳是亲兄弟，可是，从小到大对他的了解不多，印象里，他是一个充满活力、聪明活泼且带着点儿幽默的男孩子。来到快而捷，他为公司的发展做出了杰出的贡献，为公司带来了不少的效益。就像他自己说的——“不鸣则已，一鸣惊人”。

1982年10月，我的家中迎来了第三个男孩，那一声啼哭震天响地，一听就知道，这必然是个充满活力和生气的小伙子。贫穷的家庭，丝毫没有影响他的童年，他一样无忧无虑，依旧和别人家孩子一样快乐地享受着如金的童年时光。可是，走进学校，因为家里穷，没钱买鞋子，没钱交学费，他被同学们嘲笑后，开始意识到家庭贫困带来的烦恼。他开始努力学习，小小的他就想着有一天要出人头地。

从小我和查艳就很少交流，大概是年龄的差距，他读小学，我已经读中学，他读中学，我已离开家乡。高中毕业后，他考进了合肥的一所大学，毕业后，和别人合伙开了一家装饰公司，后来因为资不抵债，公司没有继续开下去，他便一人南下深圳。我的母亲很不放心他，一再要

求他来我公司。就这样，2005年，查艳来到了快而捷，陪我走过了一段艰苦的岁月。

查艳来到快而捷后，我才开始渐渐地了解他，他是个头脑灵活，且十分活泼幽默的人，唱的一嗓子动听的歌曲，还有着不错的主持功力。来到快而捷，他也有着很多的成长和进步，每每看到他忙碌的身影，我便备感欣慰。

在大学里，查艳学的是市场营销专业，他用他学来的专业知识，以及他本身积累的工作经验，为快而捷创造了很多佳绩。我记得他刚来公司的时候，前三个月都未曾开发到业务。我问他，他便说："我不鸣则已，一鸣就一定要惊人。"后来，我才知道，他的心里有他的盘算。那时候，他经常跑人才市场，假借面试之名去开发客户。面试时，和别人经过一番沟通交流，顺理成章地拿到名片，回来再跟踪维护。所以，他的很多客户都是他在人才市场寻找到的，而且还开发了很多500强的企业。

总的来说，查艳对公司营销的贡献的确很大，业务能力和交际能力都还不错。作为快而捷执行总经理，他一直负责分公司的开发和管理。上海分公司刚成立那会儿，一直处在亏损状态，2009年，查艳去了上海，上海分公司开始有了盈利，包括天津分公司，也是在他过去管理之后，才逐渐盈利的。现在他又被调去了广州分公司，我相信，广州分公司在他的带领下，必然也会有好的成果。来到快而捷，查艳不但带给了公司很多的发展，也让自己得到了成长和进步。转眼已是九年，九年的时光说长不长，说短不短，却足够让一个毛头小伙儿变成精明睿智的领导者。

第九节：十年荣光，再续辉煌

鲁迅先生说：“世上本没有路，走的人多了，也便成了路。”但即便是有人走过的路，对从未走过的人来说，仍然布满荆棘，是一个新的起点，新的征程，新的奋斗之路。2004 年 11 月 29 日，快而捷物流在我的殷切期盼和大环境的驱使下应运而生。

“物流”一词最早起源于美国，而中国对物流的定义源自日本。1979 年 6 月，中国物资经济学会派代表团参加在日本举行的第三届国际物流会议，第一次把“物流”这一概念介绍到了国内。一直以来，“物流”都没有明确的定义，直到 2001 年 4 月我国颁布了第一个关于物流的国家标准——《中华人民共和国国家标准物流术语》。

在国家标准中，“物流”被定义为：物品从供应地向接受地的实体流动过程。根据实际需要，将运输、储存、装卸、搬运、包装、流通加工、配送、信息处理等基本功能实施有机结合。根据国外物流理论和实践发展的脉络来看，现代物流业是社会经济发展到一定阶段的产物，是企业内部分工、外部市场化与专业化及企业竞争（主要是市场营销观念的变革）的必然结果。

我国实行改革开放政策以来，商品流通规模不断扩大，社会消费品零售总额每年平均递增15.3%。经济全球化、自由化和网络化的发展，致使现代物流得到快速发展，一大批专业的物流公司涌现并成熟起来，活跃在市场中，物流已成为社会经济不可小觑的一部分。

荏苒十年，弹指一挥间，快而捷已走过了十个年头，十年的风雨兼程，十年的披荆斩棘，有艰辛，有汗水，也有满满的收获。快而捷十年磨一剑，依托自身发展所积累的物流资源整合、经营规模、物流管理等三大优势，已构建起一个多功能、高层次、快集散、广辐射的物流服务网络。

十年来，快而捷遵循“快捷、方便、安全、准时”的服务宗旨，以“诚信为本、市场导向、经营规模、客户优先、为客户增值”为经营理念，实现“客户、企业、员工、社会”四满意。在十年的发展历程中，快而捷为区域经济发展做出了突出的贡献，创造了令人瞩目的业绩。

这十年，说起来是一段历史，听起来是一段故事，只有真正经历过的人，才明白其中滋味。在瞬息万变、商场如战场的今天，快而捷物流始终能把好舵，掌握好方向，朝着正确的目标前进，除了幸运，更得力于每一个快而捷人的倾力合作以及每位客户的大力支持。

时光飞逝，匆匆中快而捷物流走过了十个寒暑春秋，迎来了成立十周年的生日。十年来，快而捷人一路同行，也曾经披荆斩棘，也曾经风雨兼程，一路的追梦，一路的收获，一路的拼搏，一路的奋进。蓦然回首，一路的点点滴滴在心头。往事不必重提，人生已多风雨，纵然记忆无法抹去，苦和累都藏在心底，我们不惧怕严寒，只为运输对客户的承诺；炎炎酷暑，如同我们一如既往的服务热情。

众所周知，我国物流起步较晚，与发达国家水平相比还有不小的差距。我国的物流基础设施和装备初具规模，但内在质量及运作效率方面亟待提高，专业化物流服务才刚刚起步，物流总体质量方面的潜力尚待挖掘。虽然探索前路有些辛苦，可是快而捷从未想过放弃，我们一直在路上，我们在这条路上已经走了十年，并将继续走下去。

我们能走多远，要看我们的梦想有多大。很多打着百年传承的企业，最终还是在商海中沉没了。中国的大多数企业家都具有出色的冒险精神，但风险意识却普遍不够，所以，“过把瘾就死”的企业不在少数。就全世界而言，长命企业的特点主要体现在：保守的企业经营，重本业，重诚信，重质量，重品牌。而从这些来看，快而捷无疑是有长寿潜质的。

“路漫漫其修远兮，吾将上下而求索。”回顾过去的十年，我，以及每位快而捷人都备感自豪。然而，我们绝不会止于此，下一个十年接踵而至，站在新的起点上展望未来，快而捷必将继续秉承“诚信为本，以快制胜”的服务理念，乘风破浪，迎接新的挑战和机遇，运筹帷幄，决胜千里。

上一个十年已成为过去，下一个十年，快而捷有十大目标，立志定要再创辉煌：

一、2014 年到 2024 年，快而捷全体员工将为飞机上天、公司上市展开全面的准备工作；

二、创建1000家以上分公司，让公司网络布满全中国，所有二级城市都有自己的分公司；

三、业绩量达十亿以上；

四、人员数量达5000人；

五、员工人均年收入达10万元以上；

六、建立快而捷商学院；

七、成为中国民营物流的脊梁；

八、成为中国5A物流企业；

九、打造中国最有价值、最有竞争力的公司，成为世界500强企业首选合作伙伴；

十、承担起更多的社会责任，为创造美好的新时代贡献自己的一份力量。

巨海教育集团成杰老师曾说：“生命的伟大在于心中有梦！”有梦的人生叫航程，没梦的人生叫流浪。快而捷的每一位员工都是有志的追梦人，未来十年，我们必将协同广大客户一起谱写华丽篇章。

尾章

我的亲人

爱人已逝，我曾经几度悲伤痛哭，可依旧要背负着种种责任活下去。此生，我何其有幸娶到了这样的女子。她陪我奋斗，相夫教子，为我奉献一生，而我却未能在她大好的年华里给她最好的生活，最好的关怀。我更遗憾，此生未能与她白头偕老。

第一节：我的父亲母亲

台湾著名作家三毛在《稻草人手记》中说：“每个人的身边都有两个可爱的守护天使，一直默默地为他们守护着的孩子遮风挡雨，不求回报。他们的翅膀不是用来飞翔，仅仅是用来遮挡风霜，因为一直保持这样的姿势，直至孩子离开了他们的羽翼，他们的翅膀已经僵住了，无法再收起来。”说到父母，世人总有千言万语，千思万绪，我自然也不例外。

对很多孩子来说，父亲是整个家的顶梁柱，他，伟岸、刚毅、坚定、强壮，总能独当一面，呵护着整个家。可是，我眼中的父亲却截然相反。据说，民国时期，祖父是镇长，家里有桃园、梨园，还有黄烟，经济条件很好。到了父亲这一辈，家道中落，我想这大概也与我父亲的个性有很大的关系。

父亲是个十分老实的人，性格极其软弱，再加上无论干什么活都比不上别人，同村的人，无论大人、小孩都经常欺负他，或者就拿他开玩笑。父亲自己倒不觉得有什么，可是，我却无法忍受。我小时候经常为此和别人打架，我就觉得那是一种欺负，每当有人欺负父亲，我便会充红了眼跑过去问："你为什么要欺负我父亲？"话不投机，便厮打了起来。所以，几乎整个少年时代，我的身上都经常"挂着彩"。

后来大家很少再欺负我父亲，有时候，就连说话也会注意一些。其实，人有时候就是这样——人善被人欺，马善被人骑。比如说，你今天骂了他，他不说话，别人便觉得这人软弱可欺，久而久之便形成了一种习惯。

所以那时候，整个村子里的人，无论男女老少，只要欺负我父亲，我便会出面斥责。我那时候，没有别的想法，就希望让我父亲以及整个家人都受到别人的尊重。可是，现如今回头想想，要获得别人的尊重，首先自己要强大。

人的思维随着年龄和阅历的增长也在不停地改变，我开始懂得，人的精神富裕比物质富裕更重要。我挣了钱后，我便想着去感恩，去回报社会，想为家人、为家乡多做点儿事。

2010 年我回老家，想为家乡的小学做些事，可是，当初我就读的小学早已不存在，统一兼并为徐桥小学，我便想着为这所小学做些事。正好学校当时需要订阅报纸、建设球场，以及添置更新一些体育设施，我便出手帮助了。包括村子里的祠堂，我回去也花了几万块钱翻新了一遍。

说我所做，做我所说，既然承诺了，就一定要落地。我希望为我的下一辈做个榜样，我希望儿子能知道：爸爸在做好事。

现在，我回去见到每个人都保持该有的礼貌和尊敬，无论是大人小孩，我都会跟他们打招呼，不像以前。而且，我说的话都会兑现，兑现其实也需要勇气，也是种品德。所以，渐渐地，村子里的人对我父亲也尊重了起来。人在每一个阶段都有每一个阶段的想法，从不成熟到成熟，从不认知到认知。

一直以来，父亲为人处世的心态从未变过，小时候，我的成绩如何，为什么打架，他全都不管。现在，他在我公司就负责拿快递，晚上车回来开开门，其他依旧是什么都不管。有时候，甚至有人在他面前偷东西他也不理睬。有时我就想，算了，他能把自己管好就行了。

说实话，父亲的这种性格，对我来说，有时候也是好事情，正因为这样，我不得不学会独立，不得不学着不断地努力，不断地往前走。另外，他也给了我们足够的空间和自主权，以前包括现在，我做任何事都不会跟他商量。我觉得父亲他应该生活得很幸福，因为他活在自己的世界里，规避了太多的纷扰世事。

在我的心目中，对我影响最深的不是别人，正是我的母亲。我母亲虽然没有文化，连自己的名字都不会写，但是她曾经多次告诉我，和人相处要懂得说好话，懂得赞美别人。她还曾教导我："所有的事都要靠自己努力，别人帮不了你，靠山山会倒，靠人人会跑。"这些话对我的影响特别大，我想我这一辈子都会牢记在心。

父亲虽然老实软弱，可母亲在整个镇里却小有名气。我记得曾经听母亲说过，我家里有一栋房子，曾经是老祖宗留下来的，到了爷爷那一辈，爷爷的兄长是镇长，家里有一个女儿，嫁给了一个姓黄的人家做童养媳，十四岁便夭折了。当时我家房子在镇上，便被黄家借去开了茶馆，那时候我们家桃园、梨园很多，解放的时候所有东西都被没收了。到我父辈的时候，母亲就想着一定要回这栋房子。经过十多年的努力，终于要了回来。而我们那很多人的房子被没收后都没有再要回来。可见，母亲很有能力，很有毅力。

我母亲一生勤劳肯干，由于父亲软弱的个性，家里的重担全数落到了母亲肩上。母亲是个童养媳，做事井井有条，与人沟通也很有方法。在我们孩子眼中，母亲很慈祥，给了父亲和我们足够的尊严和爱。我很小的时候，别人欺负我父亲，都是母亲出来维护他。母亲对我父亲的尊重，对我们的尊重，给我们树立了榜样，让我们从小便学会了什么是尊严。

我没有三毛那样的文采，不能像她那样用文字细致而淋漓尽致地将对父母亲的爱描述出来，可我对父母的爱和感谢却未曾少却分毫。

中国地
平民英雄
浴血奋战保卫家园
捍卫尊严
血染沙场气化长虹
中央電
無錫影
23

第二节：爱可以让生命延续

想起你，总会有瞬间的迷失。自你走后，我曾一度在回忆中度过，而每次从梦中醒来，心中却越发空虚。仿佛握住了一个空壳，一个飘渺的梦，纵然脑海里繁华如花，却什么都不曾留下。

——致离去的爱人

2002 年 10 月份，我与爱人经人介绍相识，彼此都感觉不错，三个月后，迅速结为连理，用现在的话来说，那时的我们算闪婚，也算赶了回时髦。

结婚前三个月，我在上海的一家物流公司工作，后又被调往杭州分公司。当时手机还没有像现在这般普及，我手上只有 BB 机，我们联系交流的方式主要是通过写信，偶尔也打个电话。

2003 年，我们迎来了一个可爱的小生命，而我正好被上海总部派往苏州，担任苏州分公司经理。那时候，家里的经济情况不是很好，她一直想着自己也出来挣点儿钱，让生活过得好一点儿。孩子出生后，她便与我商量来苏州打工，将孩子丢给我母亲照顾。她来苏州的第一份工作是在一家电子厂排件，那是和我们合作的一位司机牵的线。当时他姨妹在电子厂工作，由她介绍我爱人去那里上班。

我爱人上班的时间很长，每天早上我都会骑自行车送她上班。那时候，我们感觉不到累，就想着能挣一点儿是一点儿。想起来，那时候，我爱人一个月加班加点也就 600 元的工资，而我也不过 800 元。我们在梅花新村，生活很节俭，连交 80 元的房租也觉得很贵。我和爱人在一起，过着平淡的生活，每天都要不停地工作，虽然很累，但是很快乐。

2004 年，我被调回了上海，而我爱人却依旧留在苏州上班，不过，那时候她经人介绍，又去了一家服装厂做服装，一个月 800 元，可是做服装比电子厂排件更累。5 月份的时候，我辞职回苏州准备创业，我和我爱人便一起搬去了吴中。

那时候基本上每天我要做饭、洗衣服，还要去接她下班。2003 年到 2004 年，我主要的重心都放在了工作上，我爱人作为普通员工，就经常抱怨加班时间长、工作累、工资低之类的，可是每天我们都很快乐。

对于我辞职创业，我爱人并不是很赞同，她是一个很本分的人，希望生活平稳安定，夫妻和睦，过着简简单单的生活就好。不但是她，我家里几乎没什么人同意我创业，大家一致觉得那时候生活比较安定，我也是一名部门经理，创业毕竟还是太冒险。可是，我思前想后，还是决定出来创业。

那时候，我们将小孩接来了苏州，我爱人便一边上班一边带小孩，我出来创业后，她还依旧在服装厂上了好几个月的班。看到我做出来的业绩，她觉得创业要比打工强很多，便辞掉了工作，专心在家带小孩了。2004 年八九月份，我母亲来到了苏州，给我们照顾孩子，我和我爱人便开始一起打拼。

2004 年 5 月份，我辞职自己创业，一开始是挂靠在别的公司，直到这年 11 月 29 号，我才注册了自己的公司——快而捷。那时候，我爱人在公司做客服和财务。刚开始创立快而捷的时候，就三名员工，我、我爱人和欧阳，后来陆续又招了几个人，规模很小，我们一步步地去做，没想到这年的整体业绩却意外地很好。那时候，我们完全属于三无人员——没钱、没车、没人，可是一家人都在一起，每天都过得非常快乐。

2005 年，我们遇到了一些压力，公司的 6 个人，一下子走了 4 个，就剩下我和我爱人。那时候我们谈了一些客户，可惜公司没人来上班，我们感觉压力很大。但是，有我爱人陪着我，我觉得再艰难困苦，日子都可以扛过去。一个月后，欧阳回到了公司，随后查艳也来到了快而捷。

那时候我们都在完全的透支状态，我们几乎每天都要到晚上 11 点才下班，我记得曾经晚上下班的时候还发生了一段小故事：当时，天色已近很晚，我骑着电瓶车带着我爱人，刚到达上高路，一辆摩托车不偏不倚地撞上了我的膝盖。

由于我是正规行驶的，摩托车主便要赔我 1000 块钱。我说："不是赔钱的事，只要脚没事，不需要你赔钱。"我们便去医院查了一下，他还介绍我去了一家驾校学驾驶，自那以后，我便开始学驾驶。2006 年，公司的规模逐渐壮大，我们手头上的资金也逐渐充裕起来。我刚拿到驾照没几天，便和我爱人商量着买了一部自己的小车，那是一辆二手的金杯车。

我爱人是一个十分上进的人，随着公司的发展，她也不断地去提高自己。公司的客服、财务，在她的管理下，井井有条。平日里，她非常尊重我，哪怕买件衣服，她都会征求我的同意。有时候，她也会跟我开玩笑："我拿我的工资去买些衣服应该不需要向你汇报吧？反正用的是我的工资。"但是，她买东西还是喜欢向我汇报，而且也不是买那些非常奢侈的东西，她是根据公司的发展情况和家庭的收入情况来挑的。

其实，她自己并不舍得花钱，她买什么总会考虑到公司的发展情况以及家庭的收入情况。她最喜欢的便是戒指，可是我们结婚的时候，因为家里经济条件不允许，我只给她买了一个680块钱的戒指。后来，每年她过生日，我基本都要给她买一个戒指、金项链或金手镯。她自己很少去买一些很奢侈的东西，就在她快去世的时候，她想要一件貂皮大衣。那时候，基本上她提什么要求，我都会满足。

2011年，我和我爱人打算再要个孩子，她的病也就是在这段时间里被发现的。其实，如果不是准备生个小孩，情况也许还会好一些。当时我爱人有一点儿小感冒，总是高烧不退，不敢打针吃药，就只能挂水，挂了三天水后，我一个朋友看到这样的情况，便建议我带我爱人去拍片，拍片的时候发现了阴影，当时我们都以为是肺结核或者肺炎之类的病症。

9月20日，我在手术室外面等了很久很久，医生出来后跟我说："你老婆情况不太好，是恶性的。”这个消息对我来讲可谓晴天霹雳。我当时对这些并不懂，不知道“恶性的”是不是就代表癌症，其实就是癌症，而且我爱人的还是晚期。

为了不影响她的心情，我告诉所有人瞒着她，她的病例报告，我放在钱包里，不让她看到。其实，我爱人比我知道得还早。手术那天，尽管她打了麻药，但她动完手术后醒得比较早，就听旁边休息的护士讲："哎呀，这个女人，看着这么年轻，没想到得了这种病。”她便意识到自己的情况不太好。可是，她每天还是笑得很开心。

那段时间，我一直陪着她，她的心情变得格外地好，因为以前上班，我都没有太多时间陪她。当时得到这个消息后，我每天都假装着很高兴，其实，我在医院外面哭了好多次。对我而言，她是我的糟糠之妻，这些年来陪我经风雨，共患难，实在不容易。再加上小孩还那么小，我是成年人，可以去承受很多。可是，孩子还那么小，如何能接受突然失去母亲？那段时间，为了照顾我爱人，我只有强迫自己不去想，每天强颜欢笑，不断地鼓励自己。

我当时就在想，无论花多少钱，都一定要带着我爱人去最好的医院治疗，那时候创业多年有点儿积蓄，就算没有，倾家荡产我也要带她去治疗。我觉得，中国最好的医院应该就在上海和北京这些大城市。于是，我便通过亲戚朋友找到了上海中山医院。当时中山医院正好有床位，将我爱人安顿好后，我便回家去拿行李。到了中山医院后，我想着给我爱人做个全身CT，检查得全面一点儿，看到底有什么问题。

可是做这种CT还要提前去预约，还好当时我有一个朋友在上海，他找到了他的学生。中山医院在全国来说都可以算得上是顶级医院，每天来看病的人络绎不绝，病房里，走廊上，人满为患。大医院对病人的关心程度远远没有期望的好，给人的感觉是医院的商业气息太浓厚。以前医生在我心中就是救死扶伤的白衣天使，地位很高的，可是经过了那17个月，我对医生的印象很差，感觉他们就像商人。

刚进中山医院，给我爱人化疗用药时，医生问我用进口药还是国产药。我问了一下，知道进口药好一点儿，便决定用进口药。我们用这个配方用了四个疗程（21天一个疗程）。后来去拍片，情况并没什么改善。我们开始在中山医院，后来又换到了胸科医院，到那里之后，医院又换了一种新药——安维丁。

在中山医院八九个月时间里，医生换了四个方案。我那时候甚至还在想可不可以换肺，如果可以，哪怕只有1%的希望，我也要争取。可是太难了，我还找了医院的特种专家，可惜都没什么效果。

也许正应了那句话——祸不单行，我爱人的病症是在2011年9月20日发现的，而我岳父也在2012年6月21日发现了癌症，可是岳父的身体一直维持得很好，至今快两年了。我爱人生病17个月，都没有离开医院，17个月化疗了21次，我其实有点儿后悔：当时，我只想着哪怕1%的希望也要去治。可是，没想到过度治疗也会出问题，高凌生有句话说得很好——有钱的人找死，没钱的人等死，还有种人被病吓死。

2013年元旦的时候，我爱人病情加重，说严重点儿，只比植物人要好一点儿。那时候，我真的很累，因为我爱人的病情太严重，基本动不了，她的吃喝拉撒都要我来照顾。每当咳嗽的时候她就会很难受，就要我给她按摩、揉背。而且，她只要稍微一动，便会喘得厉害。所以，上楼梯她都需要我背着。

因为上厕所她也喘得厉害，我无奈之下去买了成人尿片，每天上1个小时班后，就回家给她换一次。那时候，我们家有两三个大的氧气瓶，1个氧气瓶可以吸24个小时。我爱人也知道我很累，经常跟我讲："我找了个好老公，不但细心照顾我，带着我到处看病，还带着他老丈人看病，而且工作还没有丢下。"

对于病魔，我爱人一直保持着乐观的心态，当医生宣布她只有四个月的时候，她还坚持去上班，而且，后来生命还延续了三个月。我一直觉得我爱人的病，除了是受家庭遗传所致，还有很大的原因是过度劳累。她是在2013年的元月份才没有上班，那时候离她去世只有一个月的时间。其他时间，除了看病，她都在上班。她与我结婚的这十年多时间里，吃了很多苦，将整个身心都奉献给了我，奉献给了快而捷。

我也认识很多女子，可是，像我爱人这般的却很少。我感激我遇到了这样的女子，也很痛惜失去了她。那时候，为了鼓励她，我还会时不时地给她发短信，比如：爱可以让生命延长。有时候，我也挺自责的，我爱人生病的那段时间，我虽然一直在照顾她，但并未全身心地投入在她的身上，因为我还要工作，还要顾公司。

我爱人走之前，操持好了自己的金银首饰，并写了几条遗言给我：

1. 对她的父亲要像对亲生父亲一样；2. 进行财产公证；3. 给儿子一半财产；4. 在苏州买块坟地；5. 一年后再婚。

爱人已逝，我曾经几度悲伤痛哭，可依旧要背负着种种责任活下去。此生，我何其有幸娶到了这样的女子。她陪我奋斗，相夫教子，为我奉献一生，而我却未能在她大好的年华里给她最好的生活，最好的关怀。我更遗憾，此生未能与她白头偕老！

图书在版编目（CIP）数据

我的梦想是往前走 / 查焰松著. -- 北京 : 中国商业出版社，2014.10

ISBN 978-7-5044-8738-4

Ⅰ. ①我… Ⅱ. ①查… Ⅲ. ①成功心理－通俗读物 Ⅳ. ①B848.4-49

中国版本图书馆CIP数据核字（2014）第215761号

责任编辑：王彦

中国商业出版社出版发行
010-63033100 www.c-cbook.com
（100053 北京广安门内报国寺1号）
新华书店总店北京发行所经销
北京文昌阁彩色印刷有限责任公司
* * * * *
710毫米×1000 毫米 1/16开 10.25印张 104千字
2014年10月第1版 2014年10月第1次印刷

定价：36.00元
* * * * *